D0770181

DESSERTS SANTÉ

pour dents sucrées

ANNIK **DE CELLES** • ANDRÉANNE **MARTIN**, DT.P.

DESSERTS SANTÉ

pour dents sucrées

48 recettes à base de légumes

TRÉCARRÉ
Une société de Québecor Média

Catalogage avant publication de Bibliothèque et Archives nationales du Québec et Bibliothèque et Archives Canada

De Celles, Annik

Desserts santé pour dents sucrées : 48 recettes à base de légumes

ISBN 978-2-89568-543-2

1. Desserts. 2. Cuisine (Légumes). I. Martin, Andréanne, 1987- . II. Titre.

TX773.D42 2012 641.86 C2012-941218-X

Édition : Lison Lescarbeau
Direction littéraire : Marie-Eve Gélinas
Direction artistique : Marike Paradis
Révision linguistique : Isabelle Lalonde
Correction d'épreuves : Carole Lambert
Photos : Sarah Scott
Couverture, grille graphique intérieure et mise en pages : Clémence Beaudoin
Styliste culinaire et accessoiriste de studio : Anne Gagné
Recherche d'accessoires : Sylvain Riel

Remerciements
Nous reconnaissons l'aide financière du gouvernement du Canada par l'entremise du Fonds du livre du Canada pour nos activités d'édition.
Gouvernement du Québec – Programme de crédit d'impôt pour l'édition de livres – gestion SODEC.

Les Éditions du Trécarré
Groupe Librex inc.
Une société de Québecor Média
La Tourelle
1055, boul. René-Lévesque Est
Bureau 800
Montréal (Québec) H2L 4S5
Tél. : 514 849-5259
Téléc. : 514 849-1388
www.edtrecarre.com

Dépôt légal – Bibliothèque et Archives nationales du Québec et Bibliothèque et Archives Canada, 2012

ISBN : 978-2-89568-543-2

Distribution au Canada
Messageries ADP
2315, rue de la Province
Longueuil (Québec) J4G 1G4
Tél. : 450 640-1234
Sans frais : 1 800 771-3022
www.messageries-adp.com

Diffusion hors Canada
Interforum
Immeuble Paryseine
3, allée de la Seine
F-94854 Ivry-sur-Seine Cedex
Tél. : 33 (0)1 49 59 10 10
www.interforum.fr

À NICOLAS, LOULOU, LILY ET ROSIE… 88 !

– Annik

À TOUS CEUX QUI PARTAGENT
UN BRIN DE MON QUOTIDIEN

– Andréanne

SOMMAIRE

INTRODUCTION

Il y a des événements qui nous obligent à changer de chemin et d'autres qui nous font découvrir une nouvelle route.

Ma vie a toujours été agréable malgré les petites embûches. Mariée à un homme fantastique, maman de trois remarquables enfants, enseignante au secondaire depuis quatorze ans et maintenant propriétaire d'une PME en expansion, je suis très privilégiée.

Depuis ma tendre enfance, c'est autour de la table, comme dans beaucoup de familles québécoises, que mes proches et moi célébrons, partageons et discutons. Beaucoup de mes souvenirs de jeunesse sont ainsi liés au réconfort d'un bon repas en agréable compagnie. J'ai eu la chance d'avoir des parents aimants qui m'ont offert un buffet à volonté de culture, de jeux et d'affection, qui ont engendré en moi plusieurs passions, dont celle de l'art culinaire. Ma mère est une excellente pâtissière, mon père était un grand mangeur ; notre famille a toujours bénéficié d'une quantité et d'une qualité de desserts exceptionnelles.

C'est à l'âge de neuf ans que je suis tombée dans la pâte à biscuits, comme Obélix dans la potion magique ! Biscuits, gâteaux, tartes : les expérimentations de toutes sortes se sont ensuivies. Au secondaire, j'ai participé aux ventes de desserts pour des organismes de bienfaisance ; au cégep, j'ai cuisiné pour gagner le cœur (ou le ventre) du beau Nicolas ; puis, devenue adulte, j'ai confectionné des gâteries pour la famille, les amis et les élèves.

Mais un quart de siècle de desserts, d'excès et de sédentarité, ça rend un peu plus… ronde ! Repas tout préparés, trop gras, trop salés, trop sucrés… Je n'avais « pas le temps » de m'entraîner, j'étais fatiguée, stressée, embourbée dans mes mauvaises habitudes… Un kilo à la fois, insidieusement, le surplus de poids s'est installé. Après deux grossesses et dix ans de vie rangée en banlieue avec mon conjoint (le beau Nicolas, bien sûr !), je n'étais pas dans la meilleure des formes et nos habitudes alimentaires laissaient à désirer.

Puis nous est venue une idée folle à Noël 2009, une idée qu'on avait repoussée de notre esprit sans jamais la mettre au rancart : pourquoi ne pas avoir un autre enfant ? Un « p'tit dernier », le dessert pour ainsi dire. Et hop ! Rose-Emmanuelle a été conçue !

C'est là que la vie nous attendait au détour. Décollement placentaire, mauvaise clarté nucale, complications lors de l'amniocentèse, risque d'anomalie cardiaque, manque de liquide amniotique donnèrent lieu à vingt et une échographies, une panoplie de tests, beaucoup de stress et d'inquiétude... Puis à vingt-six semaines de grossesse vint le moment du redouté test de glycémie. J'avais passé plusieurs tests de dépistage depuis la préadolescence ; ma mère ayant vécu toute sa jeunesse avec une diabétique de type 1 (sa mère), elle était très à l'affût des signes avant-coureurs de cette condition (changement brutal d'humeur, soif intense, besoin fréquent d'aller uriner, faiblesse). Les tests subis lors de mes deux grossesses précédentes n'avaient rien révélé d'anormal, à mon plus grand soulagement ! Mais cette fois-ci, ça y était : les résultats des tests d'urine démontraient un débalancement caractéristique d'un diabète gestationnel. Je me voyais déjà condamnée, je repensais à ma grand-mère s'injectant de l'insuline, je réentendais l'histoire de la naissance terrible de ma tante (la sœur de ma mère), un bébé de plus de 10 livres sauvé *in extremis* après un accouchement tumultueux. Qu'arriverait-il à ma fille, qui avait déjà vécu tant d'épreuves depuis sa conception ? Il y avait un réel danger pour l'enfant que je portais : poids élevé à la naissance augmentant les risques de complications à l'accouchement, hypoglycémie, jaunisse, difficultés respiratoires, et j'en passe.

Et que dire de mon inquiétude quant à ma propre santé ? Deux grands-mères diabétiques (type 1 chez ma grand-mère maternelle et type 2 chez ma grand-mère paternelle) m'avaient démontré les dangers de cet état : sensibilité aux infections, maladies cardiovasculaires, gangrène, cécité, démence... Ce n'était pas une option pour moi de devenir un boulet pour mes trois enfants. J'avais été témoin de toute la souffrance que la maladie de mes grands-mères avait causée et du travail que cela avait entraîné pour mes parents.

J'étais résolue et déterminée à garder Rose-Emmanuelle en santé dans son petit nid douillet et à faire plus attention à moi afin de pouvoir bien m'occuper de mes trois trésors.

Je me souviens encore du bal des finissants de mes élèves en juin 2009, le jour même du diagnostic de diabète ; je regardais les choux à la crème dans mon assiette, la larme à l'œil, ne pouvant pas y toucher. Mon médecin m'avait bien prévenue de couper complètement le sucre en attendant la suite des tests et des traitements.

Il fallait changer immédiatement et sans compromis mon alimentation et mon niveau d'activité physique. Le Centre hospitalier de l'Université Laval (CHUL) offrait à chaque

future maman diabétique des rencontres avec une infirmière spécialisée et une nutritionniste afin de les aiguiller. J'y suis allée et j'ai pris en note tous leurs conseils, que j'ai suivis à la lettre, m'engageant ainsi dans un processus qui allait changer ma vie et celle de ma famille.

Au cours de mes rencontres avec le personnel spécialisé du Centre mère-enfant du CHUL, à Québec, on m'a éduquée sur les saines habitudes alimentaires. Puis, on m'a offert de prendre part à un protocole de recherche sur le diabète gestationnel et ses effets à court et à long terme sur le fœtus.

Mesures, pesées, prises de sang et suivi alimentaire serré en ont découlé. Tout d'abord, il a fallu pendant deux semaines établir une liste détaillée de tout ce que je mangeais, incluant le poids et les quantités. Comme bien des gens, je pensais manger de façon plutôt équilibrée : peu de pain, peu de viande, beaucoup de fruits, et oui, bon, peut-être un peu trop de desserts, mais rien de dramatique... C'était tout le contraire !

La nutritionniste m'a expliqué que mon alimentation était déficiente : je ne mangeais pas assez de fibres ni de protéines. Par ailleurs, je consommais beaucoup trop de sucre. Il fallait que je laisse de côté fruits, gâteaux et biscuits. C'était ma triste réalité. J'ai argumenté : « Oui, mais du pain aux bananes ? C'est bon pour la santé, c'est plein de fruits ! » La nutritionniste a hoché la tête – négativement, bien entendu : « Les fruits, c'est très sucré ! » Elle a ajouté, à la blague : « Si c'était du gâteau aux légumes, ça serait beaucoup mieux ! »

Une fois la panoplie de tests terminée, l'endocrinologue est revenu avec le diagnostic final : je n'étais pas diabétique, mais j'avais un léger problème rénal de métabolisation du sucre. Par contre, les risques de diabète n'étaient pas chose du passé, je resterais toujours vulnérable si je n'adhérais pas aux conseils donnés par l'équipe du Centre mère-enfant. L'activité physique et de saines habitudes alimentaires étaient primordiales autant pour moi que pour mon conjoint et mes enfants.

Entre-temps, j'avais suivi à la lettre les conseils de l'équipe de recherche et j'avais déjà perdu du poids et des centimètres. Bébé Rose-Emmanuelle grandissait, et moi je rapetissais ! L'habitude de bien manger et de faire trente minutes d'exercice après chaque repas était maintenant bien ancrée pour moi et pour les membres de ma famille. Je mangeais toutes mes portions de protéines, le brun avait remplacé le blanc dans nos produits céréaliers. Fini pommes de terre, riz blanc et maïs. Nos assiettes regorgeaient maintenant d'appétissants légumes colorés ! Mais ma dent sucrée avait de la difficulté à se résigner... Les gâteaux, les tartes et les biscuits me manquaient toujours. Je désirais encore en manger et en confectionner pour le plaisir. C'est alors que les paroles de la nutritionniste me sont revenues en tête : des desserts aux légumes... Des gâteaux aux carottes, oui, d'accord. Mais quoi d'autre ?

Et la quête a commencé : livres, magazines, sites internet, etc. Les premiers tests ont été plutôt désastreux ! Brownies kaki, biscuits au goût douteux, texture de carton-pâte... Mes desserts restaient piteux sur le comptoir et finissaient invariablement dans le compostage. Mes enfants trouvaient les temps durs ! « Pas encore un de tes essais, maman... Quand est-ce que tu vas nous faire du vrai dessert ? »

Le 9 octobre 2009 à 6 h 37, la belle Rose-Emmanuelle a vu le jour au CHUL. Elle était parfaite et adorable, malgré toutes mes craintes et les problèmes vécus jusqu'à la fin de ma grossesse. Je suis retournée très vite à l'activité physique en prenant des cours de remise en forme maman-bébé.

Décidée, entêtée et en congé de maternité, je gardais à l'esprit l'idée de mieux m'alimenter, même en préparant des desserts. J'ai amélioré mes recettes peu à peu et j'ai fini par obtenir des résultats mangeables. Mes plus grands critiques semblaient conquis ! William et Lily étaient subjugués : « Il n'y a pas vraiment de légumes là-dedans, maman... » Puis, je me suis décidée à revamper mes anciennes recettes (pleines de gras, de sucre et de farine blanche). Adieu gras, au revoir surplus de sucre, place au brocoli, au chou-fleur et à la patate douce ! Et pourquoi pas des choux de Bruxelles ? Des champignons ? Des asperges ? Mes enfants adoraient mes nouvelles créations et ils n'avaient plus peur de ces légumes qu'ils détestaient auparavant !

Quand je suis retournée au travail, avec vingt kilos en moins, un beau bébé en plus et une nouvelle routine incluant la course à pied, mes collègues ne me reconnaissaient pas ! Je courais maintenant avec bonheur vingt kilomètres par semaine et j'avais une vingtaine de recettes de gâteaux et de biscuits aux légumes dans mon répertoire. Je me sentais belle, forte et comblée par la vie. À l'heure du lunch, on me demandait : « Oh, Annik ! Je peux en avoir une bouchée ? », « Tu manges du gâteau ? Je pensais que tu faisais attention ? », « C'est quoi ton secret ? » Lorsque mes amis goûtaient mes desserts, ils étaient emballés en plus d'être très surpris par les ingrédients ! Même les plus craintifs en tiraient du plaisir.

Rapidement, on m'a passé des commandes. Puis des amis ont acheté mes créations. On m'a demandé de rédiger un petit menu. J'ai donc donné un nom à mon « entreprise », juste pour m'amuser, ainsi que des noms à chacune de mes bouchées pour faciliter les commandes. Le bouche à oreille a fait son œuvre et les commandes ont afflué.

En avril 2011, Créations Les Gumes devenait officiellement une entreprise et offrait, par l'intermédiaire d'un minuscule site internet fait maison, douze produits dont :

- les biscuits brocolily, les préférés de ma fille Lily, inventés avec elle lors d'un congé de tempête où tout ce que j'avais dans le frigo était du brocoli ;

- les biscuits rose-tomate, créés spécialement pour ma petite dernière, grande amatrice de tomates et de raisins secs ;
- les carrés chouloulou, renommés chouco-fromage pour mon fils, William, qui n'accepte plus l'utilisation de son surnom « Loulou » en public...

Une saine alimentation et l'activité physique me donnaient une quantité d'énergie fantastique qui me permettait de continuer à enseigner tout en répondant à mes commandes. Je me préparais alors pour une course de quinze kilomètres, Rose-Emmanuelle grandissait et nous émerveillait chaque jour, tout comme Lily et William, qui étaient tellement attentionnés envers leur petite sœur.

Au mois de mai 2011, par l'entremise d'une amie et collègue conquise par mes créations, l'animatrice Josée Turmel m'a contactée et m'a reçue en entrevue à la télévision et à la radio. Elle a été enthousiasmée par l'idée et le goût de mes créations ! Wow ! Moi ? À la télé et à la radio ? Pour vrai ?

Au mois de juin, après ma participation à un minisalon pour la famille où j'avais présenté et vendu mes créations, Yves Therrien, journaliste au *Soleil*, a rédigé un article sur mon cheminement et mon entreprise. À la suite de la parution de cet article et en raison de l'intérêt que ma compagnie suscitait, je me suis mise à la recherche d'un local de production ainsi que d'épiceries et de cafés intéressés à recevoir mes produits sur leurs étagères. L'année scolaire se terminait et j'ai proposé à la direction de revenir enseigner à temps partiel pour l'année scolaire 2011-2012. J'aurais ainsi plus de temps pour faire grandir mon entreprise tout en continuant à enseigner la littérature anglaise, qui me passionnait toujours autant.

J'ai passé l'été à courir avec Rose-Emmanuelle, qui adorait être dans sa poussette de course, pour me préparer au demi-marathon des Deux-Rives prévu pour la fin d'août. Je passais mon temps à rencontrer des épiciers, à inventer de nouveaux produits, à faire analyser les valeurs nutritives de mes créations ainsi qu'à concocter et à rédiger d'innombrables recettes.

Au retour en classe en septembre 2011, plus de cinq épiceries étaient prêtes à acheter mes produits. J'ai enfin fait une offre de location pour un local de production.

En octobre 2011, j'avais mon atelier-boutique. J'ai commencé à distribuer mes produits dans les épiceries et les cafés de la région de Québec tout en continuant d'élargir mes horizons de vente dans toute la province. J'enseignais l'art de la pâtisserie aux légumes dans les écoles et à mon atelier, je participais à des salons, j'élaborais de nouveaux produits tels que la bûche de Noël, la tarte des rois, le gâteau d'anniversaire... Tous à base de légumes, bien sûr ! Je travaillais fort, mais je m'amusais beaucoup !

Il y a eu des hauts et des bas dans toute cette aventure. Les choses ne vont pas toujours aussi vite ni aussi bien qu'on le veut. Et, oui, il y a encore des moments de découragement, des moments où il est difficile de concilier travail et famille, couple et entreprise, activité physique et horaire chargé. Oui, parfois, la tentation est forte de succomber et de manger trop gras ou trop sucré. Non, je ne peux pas vous dire ce qui s'est passé à la télévision la veille, puisque je passe mes soirées à cuire des biscuits ou à corriger des examens... Mais la vie m'a offert une autre chance ; j'ai un conjoint, une famille et des amis fantastiques qui m'entourent, m'aident et me soutiennent. Je suis très fière de ce que j'accomplis et je veux vivre cette expérience pleinement et longtemps.

Le diagnostic de diabète qui m'avait fait peur au départ m'a fait découvrir une nouvelle route qui me surprend et me fascine. Je suis bien décidée à y courir et à me dépasser, le sourire aux lèvres et le corps en santé ! Comme à tant de femmes avant moi ayant eu à surmonter les mêmes embûches, et à tant de femmes après moi qui y seront confrontées, la vie m'offre un buffet de possibilités : un peu de créativité suffit pour devenir un « grand chef » et changer les difficultés en occasions de rendre la vie encore plus... délicieuse !

Annik De Celles

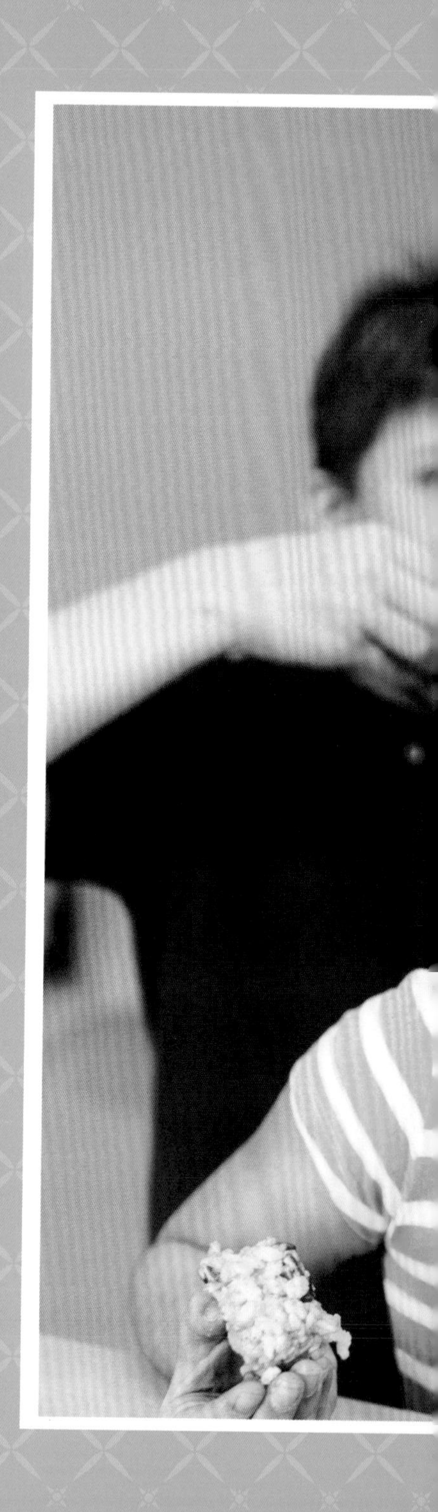

MOT DE LA NUTRITIONNISTE

BIEN MANGER SANS CULPABILITÉ

Tout est tellement meilleur lorsqu'il n'y a pas de culpabilité ! Le plaisir de manger, c'est une partie essentielle de mon *coaching* nutritionnel pour aider mes clients à atteindre leurs objectifs de mieux-être et de santé. Plaisir, amour, simplicité : voilà une combinaison gagnante !

Par ailleurs, je crois beaucoup aux approches à long terme, car la modification des habitudes de vie ne peut se faire sur une période de quelques mois seulement. En fait, cela peut prendre jusqu'à cinq ans, d'où l'importance d'un *coaching* nutritionnel même dans la phase « maintien » de la démarche. Je réalise de plus en plus que, dans tout cheminement vers le mieux-être, le soutien de l'entourage est très important, de même que la pensée positive. Être optimiste et croire en soi sont un gage de réussite !

En tant que spécialiste en gestion du poids, mes interventions sont surtout axées sur les sucres rapides, ou sucres raffinés. Notre relation avec le dessert, en particulier, est souvent conflictuelle, puisque nous y associons des idées de culpabilité, de plaisirs interdits, de sucre, de gras, de calories. Parfois même, le dessert devient un enjeu de négociation à table. En effet, certains l'utilisent comme récompense lorsqu'on mange une bouchée de plus ou lorsqu'on goûte aux légumes présentés dans l'assiette. En général, le dessert n'est pas envisagé comme il le devrait. Je suis d'avis qu'il doit être considéré au même titre que les autres aliments faisant partie d'une alimentation équilibrée et qu'il importe de le choisir en fonction de certains concepts clés dont l'envie du moment, la variété, l'apparence, les ingrédients et l'écoute de nos signaux de faim et de satiété.

Lorsque Annik m'a présenté ses produits, j'ai eu un véritable coup de cœur ! L'idée de créer des desserts à base de légumes m'a beaucoup plu. Il ne s'agit pas de remplacer une portion de légumes par un dessert, mais plutôt d'augmenter ses portions quotidiennes de légumes et ainsi de vitamines, de fibres et d'antioxydants en s'offrant un bon dessert qui contient moins de calories, de gras et de sucre que ceux que l'on consomme habituellement.

ÊTRE DISCRET A SES BIENFAITS

Il arrive souvent que certains légumes au goût plus amer soient difficilement acceptés par les enfants… ou par les grands enfants ! De temps en temps, nous les camouflons pour que l'enfant consomme un plat nutritif sans les goûter. On est alors fier de lui dire qu'il a mangé des aliments moins aimés et qu'il pourra donc répéter l'expérience ! Une exposition répétée à ces légumes combinés aux aliments mieux acceptés peut réussir à faire apprécier les intrus. Mais cela peut prendre jusqu'à vingt « dégustations » avant que ceux-ci soient tolérés et parfois plus pour qu'ils soient aimés. Il faut être persévérant ! J'ai moi-même commencé à manger des champignons à l'âge de quinze ans seulement, et je me surprends maintenant à les préparer en crudités et en sautés, en plus d'avoir la curiosité de goûter à toutes les variétés !

Les recettes d'Annik sont donc intéressantes à la fois pour dissimuler certains mal-aimés et pour assurer la consommation d'un bel éventail de vitamines et de minéraux à travers un élément du repas que tous aiment partager : le dessert. L'énergie apportée par ses collations et desserts est nutritive et complètement à l'opposé des calories vides de certains desserts commerciaux. Je commente d'ailleurs chacune des recettes à partir de l'évaluation nutritionnelle que j'en ai faite. Ces résultats de plusieurs heures d'analyse vous permettront de mieux connaître les aspects nutritifs des aliments qui composent les recettes et, grâce à l'étiquette nutritionnelle établie par portion, vous serez à même de comparer ces desserts à ceux qui sont offerts en épicerie.

L'IMPORTANCE DU CHOIX DES INGRÉDIENTS DANS UN DESSERT

Nous sommes ce que nous mangeons ! Chaque molécule de notre corps est formée à partir des produits de digestion des aliments que nous consommons. Par conséquent, si nous voulons être fonctionnel, en santé et énergique, nous nous devons d'orienter nos choix alimentaires en conséquence, sans toutefois négliger le plaisir gustatif. Une énergie nutritive est habituellement composée de fibres et de protéines et permet notamment d'atteindre et de maintenir un poids santé. Les types de gras, de sucres et de protéines ainsi que leur répartition au sein d'un même repas ou d'une même journée sont d'une importance capitale pour nous aider à obtenir un état de bien-être physique et psychologique.

La farine, c'est in !

La farine est souvent le constituant de base d'une recette de biscuits, de muffins ou de gâteau. Il importe donc de savoir ce qu'elle nous fournit. Il est préférable d'opter pour des farines de grains entiers, car elles nous procurent fibres alimentaires et vitamines B.

On peut comparer les fibres alimentaires à un gigantesque filet de pêche. Une fois arrivé dans l'estomac, ce filet occupe une bonne partie de l'espace. Les fibres ont donc le pouvoir de rassasier plus facilement. Le filet de pêche poursuit son parcours pour arriver ensuite dans l'intestin, où il amasse les molécules de sucre et de cholestérol. Le sucre est donc moins rapidement absorbé et l'apport énergétique de l'aliment est étiré dans le temps. Pour ce qui est du cholestérol, il est en partie évacué. Ainsi, les fibres ont la propriété de stabiliser la glycémie (taux de sucre sanguin) et de diminuer le cholestérol.

En ce qui concerne les vitamines du groupe B, elles représentent l'énergie. On les retrouve naturellement dans les farines de grains entiers, mais il faut toujours s'assurer qu'elles ont été ajoutées si l'on opte pour des farines raffinées.

Préférez : farine de grains entiers (blé entier, avoine, quinoa, épeautre, kamut, etc.)
Évitez : farine raffinée (farine blanche)

Le sucre dans tous ses états

Plusieurs utilisent encore les succédanés de sucre pour leurs recettes de desserts, puisqu'ils ont la propriété de ne pas causer de carie dentaire et de ne pas être absorbés, n'élevant donc pas la glycémie. Mais ces faux sucres sont de plus en plus analysés par les scientifiques et les effets que ceux-ci leur découvrent ne sont pas des plus positifs : maux de tête, augmentation des risques de cancer, problématiques chez la femme enceinte... Tout cela est encore à l'étude, mais une chose est certaine : les succédanés de sucre entraînent des rages d'aliments qui contiennent du vrai sucre. Si toutefois, malgré ces constatations, vous désirez continuer votre utilisation de faux sucre dans vos recettes, le sucralose est celui pour lequel le moins d'effets secondaires ont été rapportés jusqu'à maintenant.

Si vous optez pour le vrai sucre, il est plus intéressant de choisir le moins raffiné. Le sirop d'érable, le miel et la cassonade sont supérieurs au sucre blanc par leur contenu plus élevé en antioxydants. Cependant, notez bien qu'une cuillerée à soupe de miel provoquera la même augmentation de votre taux de sucre qu'une cuillerée à soupe de sucre blanc. L'impact est donc le même sur la glycémie, mais l'un est plus naturel que l'autre.

En ce qui concerne le fructose, on croit à tort qu'il s'agit d'un bon sucre sous prétexte qu'il correspond au sucre des fruits. En fait, le fructose à lui seul pourrait provoquer une augmentation du gras abdominal et aurait une incidence négative sur les taux de mauvais cholestérol et de triglycérides sanguins. En résumé, consommez avec modération le sucre (en le réduisant de moitié dans les recettes familiales, par exemple) et optez pour le moins raffiné possible.

Préférez : miel, sirop d'érable, cassonade (ou optez pour le truc d'Annik et remplacez une partie du sucre par de la purée de légumes ou de fruits)
Limitez : sucralose, sucre blanc
Évitez : succédanés de sucre, fructose

Les corps gras, un terrain glissant

Nous accusons à tort le gras d'être le principal responsable de la prise de poids. En fait, quand on consomme les matières grasses en quantité modérée et qu'on choisit les bons types de gras, ceux-ci ont moins d'impacts négatifs sur la santé et la gestion du poids que peuvent en avoir les sucres raffinés.

Je n'aime pas utiliser les catégories « bons » et « mauvais », mais dans le cas des gras, elles s'imposent. Nous reconnaissons les mauvais gras par leurs appellations « trans » et « saturés ». Ce sont des gras dont les molécules ont la forme de dents de scie, donc elles sont portées à adhérer davantage aux parois de nos artères. Les bons gras, pour leur part, sont « insaturés ». C'est un peu comme si la scie avait moins de dents, donc les molécules risquent moins de s'accumuler sur la paroi des artères.

Dans vos recettes, privilégiez toujours les bons gras : l'huile de canola ou une margarine non hydrogénée. L'huile d'olive étant trop fragile, il vaut mieux choisir une huile plus résistante à la chaleur pour la cuisson au four. En ce qui concerne la margarine, il est préférable d'opter pour celles à base d'huile d'olive ou de canola plutôt que celles faites à partir d'huile de tournesol, de carthame ou de maïs (détail que vous pouvez trouver dans la liste des ingrédients). Il est important de mettre de côté les gras saturés tels que le beurre et le saindoux et, surtout, d'éliminer les graisses végétales (*shortening*) des armoires. Ce sont des gras très hydrogénés aux propriétés désastreuses sur le cholestérol sanguin.

Préférez : huile de canola
Limitez : huile d'olive pour la cuisson au four, margarine non hydrogénée
Évitez : beurre, saindoux, graisses végétales

FAIM ET SATIÉTÉ

Une fois que le dessert nous met l'eau à la bouche et que ses ingrédients nous permettent de le considérer comme étant nutritif, il ne nous reste qu'à nous questionner pour savoir si nous avons encore une petite place pour lui. En effet, le dessert répond à la volonté de mettre fin au repas d'agréable façon, mais il faut avoir encore faim pour le consommer.

Le signal de satiété arrive au moment où vous devez cesser de manger pour ne pas absorber trop d'énergie dans votre journée. Il vous indique que vos besoins physiques ont été comblés. C'est un signal qui est long à venir, puisqu'il lui faut habituellement vingt minutes avant de se manifester, d'où l'importance de savourer chaque bouchée du repas et de manger lentement. Si le dessert est important pour vous, assurez-vous simplement d'inclure son apport énergétique dans le calcul de vos besoins et ainsi, lorsque vous terminerez votre doux régal, vous aurez atteint la satiété. Manger un dessert lorsque nous n'avons plus faim n'est pas agréable, car nous ne ressentons pas le même plaisir gustatif et psychologique. De plus, nous absorbons ainsi plus d'énergie que nécessaire, ce qui peut rendre la gestion du poids plus difficile.

Bref, en appliquant ces quelques conseils, vous savourerez pleinement chacune de vos bouchées. Et même si elles sont « santé », n'oubliez pas de vous écouter !

Andréanne Martin, Dt.P.
Diététiste-nutritionniste

PRÉPARATION DES PURÉES DE LÉGUMES

Deux possibilités s'offrent à vous : le robot culinaire et le pied-mélangeur (ou mélangeur à main). Les deux vous offriront de beaux résultats. Mais si vous avez à choisir entre un ou l'autre, j'opterais pour le pied-mélangeur puisqu'il permet de passer les légumes en purée directement dans la casserole, ce qui réduit le temps de nettoyage. Et qui aime vraiment faire la vaisselle ?

Cuisson des légumes

Patate douce, carotte, navet, panais

Couper les légumes (frais ou surgelés) en morceaux.

Les placer dans l'eau bouillante (en quantité suffisante pour les recouvrir).

Faire cuire jusqu'à ce qu'un couteau passe aisément au travers.

Chou-fleur, chou de Bruxelles, brocoli, aubergine, champignon

Couper les légumes frais en morceaux (il n'est pas nécessaire d'éplucher l'aubergine).

Les placer dans une marguerite et mettre celle-ci dans une casserole.

Verser de l'eau au fond de la casserole : la marguerite ne doit pas tremper dans l'eau.

Recouvrir et amener l'eau à ébullition.

Faire cuire les légumes jusqu'à ce qu'un couteau passe aisément au travers.

Épinards

Faire bouillir 6 tasses d'eau dans une grande casserole.

Placer les épinards dans l'eau bouillante.

Faire cuire environ 3 min ou jusqu'à ce que les feuilles soient ramollies et de couleur vert clair.

Bien égoutter pour extraire toute l'eau de cuisson.

PETITS CONSEILS

Passez vos légumes en purée lorsqu'ils sont encore chauds : la tâche sera beaucoup plus facile. Préparez vos purées la fin de semaine, divisez-les en portions d'un quart de tasse dans des sacs de plastique ou des plats réutilisables et congelez-les. Au moment voulu, vous n'aurez qu'à décongeler au micro-ondes la quantité nécessaire à la recette.

MOT DE LA NUTRITIONNISTE

Afin de bien interpréter la table des valeurs nutritives pour chacune des recettes, sachez que le nombre de glucides inscrit correspond au total de tous les sucres, incluant ceux provenant des légumes.

GÂTEAUX ET TARTES

MOT DE LA NUTRITIONNISTE

Optez pour des pois surgelés plutôt que des pois en conserve. Le dessert contiendra ainsi moins de sodium et aura une meilleure valeur nutritive.

GÂTEAU CHOCOPOIS

Mon gâteau préféré ! Simple, rapide et délicieusement chocolaté.
Parfait pour un repas entre amis ou pour la belle-mère qui vient souper à l'improviste !

8 portions

- **¼ tasse** de purée de petits pois verts (utiliser ½ tasse de petits pois verts congelés, décongelés)
- **¼ tasse** de purée de patate douce (utiliser ½ patate douce moyenne, coupée en dés)
- **2** œufs
- **1** jaune d'œuf
- **2 oz** (60 g) de chocolat non sucré, fondu
- **4 oz** (120 g) de chocolat mi-sucré, fondu
- **1 c. à soupe** de margarine
- **6 c. à soupe** de sucre
- **1 c. à thé** d'extrait de vanille
- **⅔ tasse** de farine de blé entier

VALEURS NUTRITIVES		Par portion
CALORIES	1945	243
LIPIDES (G)	91	11
GLUCIDES (G)	261	33
PROTÉINES (G)	45	6
FIBRES (G)	34	4
CALCIUM (MG)	248	31
FER (MG)	20	3
SODIUM (MG)	405	51

Préchauffer le four à 350 °F (175 °C).

Bien mélanger les purées, les œufs, le jaune d'œuf, le chocolat fondu, la margarine, le sucre et la vanille avec un mélangeur ou un pied-mélangeur. Ajouter la farine en remuant avec une spatule ou une cuillère de bois.

Verser dans un moule à gâteau à fond amovible de 8 po de diamètre, graissé et fariné.

Cuire au four 30 à 35 min ou jusqu'à ce qu'un cure-dent inséré au centre du gâteau en ressorte propre.

Saupoudrer un peu de sucre à glacer ou parsemer de petits fruits de saison sur le dessus du gâteau refroidi, et épater les convives !

GÂTEAU MOKA-AUBERGINE

Ce gâteau moelleux et délicieux peut se servir seul, un soir de semaine, ou avec le glaçage, au cours d'un beau souper entre amis. Personne ne se doutera de ce qu'il contient !

12 portions

- **½ tasse** de purée d'aubergine (utiliser 1 aubergine moyenne, coupée en dés)
- **½ tasse** de purée d'épinards (utiliser 4 tasses d'épinards frais)
- **3 c. à soupe** de café instantané
- **2** œufs
- **2** jaunes d'œufs
- **⅓ tasse** de sucre
- **8 oz** (240 g) de chocolat mi-sucré, fondu
- **½ tasse** de farine de blé entier
- **2 c. à soupe** de cacao
- **2 c. à soupe** d'amandes moulues
- **1 c. à thé** de poudre à pâte
- **½ c. à thé** de cannelle moulue

Glaçage

- **4 oz** (120 g) de fromage à la crème léger
- **½ tasse** de sucre en poudre
- **1 c. à soupe** de café instantané, dilué dans 1 c. à thé d'eau chaude
- Chocolat râpé ou poudre de cacao (pour décorer)

Préchauffer le four à 375 °F (190 °C).

Bien mélanger les purées, le café, les œufs, les jaunes d'œufs et le sucre, puis ajouter le chocolat fondu.

Dans un second bol ou une grande tasse à mesurer, mélanger les ingrédients secs et les incorporer à la préparation aux légumes.

Verser dans un moule carré à charnière graissé ou dans un plat en pyrex carré graissé de 8 po.

Cuire 40 à 50 min ou jusqu'à ce qu'un cure-dent inséré au centre du gâteau en ressorte propre.

Une fois le gâteau cuit, le laisser refroidir complètement.

Glaçage

À l'aide d'un batteur électrique, bien mélanger tous les ingrédients.

Couper le gâteau en deux étages à l'aide d'un couteau à pain.

Étendre le glaçage entre les deux étages du gâteau ainsi que sur le dessus de celui-ci.

Décorer de chocolat râpé ou de poudre de cacao.

MOT DE LA NUTRITIONNISTE

Comment choisir votre aubergine ? Recherchez une texture ferme, une peau lisse, une couleur uniforme ; en exerçant une légère pression sur la pelure, l'empreinte demeurera visible si le fruit est à point. Évitez les aubergines qui ont une texture flasque, une peau ratatinée et des taches brunes.

VALEURS NUTRITIVES		Par portion
CALORIES	2157	180
LIPIDES (G)	92	8
GLUCIDES (G)	296	25
PROTÉINES (G)	50	4
FIBRES (G)	36	3
CALCIUM (MG)	677	56
FER (MG)	22	2
SODIUM (MG)	599	50

MOT DE LA NUTRITIONNISTE

Les noix font partie des aliments qui peuvent faire diminuer le taux de cholestérol sanguin. Si on les consomme en quantité modérée (¼ tasse par jour), leurs bons gras peuvent même aider à réduire le gras corporel (en combinaison avec un mode de vie actif).

GÂTEAU NOISETTIGNON

Un gâteau léger garni d'une riche mousse au chocolat. Il fascinera vos invités grâce à son bon goût et à ses ingrédients secrets !

8 à 10 portions

- 4 œufs
- ¼ tasse de sucre
- ½ tasse d'amandes moulues
- ½ tasse de noisettes moulues

MOUSSE

- ½ tasse de purée d'aubergine (utiliser 1 aubergine moyenne, coupée en dés)
- ½ tasse de purée de champignons (utiliser 3 tasses de champignons frais, coupés en quatre)
- 3 ½ oz (105 g) de chocolat mi-sucré, fondu
- 1 c. à thé de beurre
- Sucre en poudre et cacao (pour décorer)

VALEURS NUTRITIVES		Par portion
CALORIES	1957	217
LIPIDES (G)	126	14
GLUCIDES (G)	168	19
PROTÉINES (G)	55	6
FIBRES (G)	27	3
CALCIUM (MG)	376	42
FER (MG)	13	1
SODIUM (MG)	292	32

Préchauffer le four à 375 °F (190 °C). Battre les œufs et le sucre jusqu'à ce que le mélange soit épais et jaune pâle.

Incorporer délicatement les amandes et les noisettes aux œufs.

Verser dans un moule rond à charnière de 8 po de diamètre, graissé et fariné.

Cuire 20 à 25 min ou jusqu'à ce qu'un cure-dent inséré au centre du gâteau en ressorte propre.

Laisser le gâteau refroidir entièrement.

MOUSSE

Au batteur électrique, mélanger tous les ingrédients.

Couper le gâteau pour obtenir deux tranches.

Étaler la mousse entre les tranches, puis refermer.

Saupoudrer du sucre en poudre et du cacao sur le dessus du gâteau pour décorer.

FONDANTS CHOCOLAT-AUBERGINE

Ces petites douceurs individuelles impressionneront vos convives ! Ces gâteaux au centre chocolaté se servent chauds avec une belle boule de crème glacée à la vanille.

6 fondants

- 2 œufs
- 1 jaune d'œuf
- 2 c. à soupe de sucre
- ¾ tasse de purée d'aubergine (utiliser 1 aubergine moyenne, coupée en dés)
- 1 c. à soupe de beurre
- 4 oz (120 g) de chocolat mi-sucré
- ⅓ tasse de farine de blé entier
- ½ c. à thé de poudre à pâte

PRÉPARATION DES RAMEQUINS

- Beurre
- Sucre

VALEURS NUTRITIVES		Par portion
CALORIES	1255	209
LIPIDES (G)	61	10
GLUCIDES (G)	153	26
PROTÉINES (G)	28	5
FIBRES (G)	17	3
CALCIUM (MG)	212	35
FER (MG)	8	1
SODIUM (MG)	373	62

Mélanger à l'aide d'une cuillère de bois ou d'une spatule les œufs, le jaune d'œuf, le sucre et la purée d'aubergine.

Dans un bol allant au micro-ondes, faire fondre le beurre et le chocolat 30 sec à intensité maximale.

Ajouter le chocolat fondu à la purée.

Mélanger la farine et la poudre à pâte, puis incorporer aux autres ingrédients.

Beurrer six ramequins. Mettre un peu de sucre dans chacun et s'assurer qu'il colle sur les parois. Vider l'excédent de sucre.

Verser le mélange dans les six ramequins.

Recouvrir d'une pellicule plastique et placer au réfrigérateur.

Au moment du dessert, préchauffer le four à 350 °F (175 °C).

Placer les ramequins au centre du four et cuire 13 min. Le centre devrait être encore semi-liquide, mais les côtés devraient sembler cuits.

Démouler à l'aide d'un couteau, retourner le ramequin et déposer le gâteau dans une assiette.

MOT DE LA NUTRITIONNISTE

Selon des études récentes, consommer un œuf par jour ne causerait pas d'effets indésirables sur le taux de cholestérol sanguin. En plus, cet aliment est une très bonne source de protéines, d'acide folique et de vitamine B12 !

SAVIEZ-VOUS

que plus un fruit est coloré, plus il contient de vitamines et d'antioxydants ? Privilégiez le rouge, l'orangé et le vert pour un maximum de vitamine C !

GÂTEAU À LA SALADE DE FRUITS

Merci à mes amis Patrice et Tracey pour la recette d'origine ;
elle est maintenant encore meilleure avec une bonne dose de patate douce et de navet.

12 portions

- **1 ½ tasse** de salade de fruits en conserve, bien égouttée (choisir une salade conservée dans du jus et non dans du sirop)
- **1 tasse** de purée de patate douce (utiliser 2 patates douces moyennes, coupées en dés)
- **2** œufs
- **⅔ tasse** de sucre
- **1 ⅓ tasse** de farine de blé entier
- **1 c. à thé** de bicarbonate de soude
- **1 c. à thé** de poudre à pâte
- **¼ c. à thé** de cannelle moulue

SAUCE AU CARAMEL

- **½ tasse** de purée de navet (utiliser 1 tasse de navet, coupé en dés)
- **½ tasse** de cassonade
- **⅓ tasse** de lait concentré
- **½ tasse** de noix de coco non sucrée râpée

VALEURS NUTRITIVES		Par portion
CALORIES	2477	206
LIPIDES (G)	32	3
GLUCIDES (G)	512	43
PROTÉINES (G)	61	5
FIBRES (G)	38	3
CALCIUM (MG)	1051	88
FER (MG)	14	1
SODIUM (MG)	2199	183

Préchauffer le four à 350 °F (175 °C).

Mélanger la salade de fruits, la purée de patate douce, les œufs et le sucre à l'aide d'une spatule ou d'une cuillère de bois.

Dans un second bol, incorporer la farine, le bicarbonate de soude, la poudre à pâte et la cannelle.

Ajouter les ingrédients secs au mélange de fruits et de purée et bien remuer.

Graisser un moule carré de 12 po, puis y verser la préparation.

Cuire 45 à 60 min ou jusqu'à ce qu'un cure-dent inséré au centre du gâteau en ressorte propre.

SAUCE AU CARAMEL

Dans un grand bol, bien mélanger tous les ingrédients.

Faire chauffer au micro-ondes à haute intensité pendant 2 à 3 min. Le mélange doit bouillir environ 30 sec.

Laisser refroidir, puis verser sur le gâteau refroidi.

Recouvrir d'une pellicule plastique et conserver au réfrigérateur.

GÂTEAU EXTRA-CAROTTES

Quand j'étais adolescente, ma mère nous faisait, à mon frère et à moi, des tonnes de gâteaux aux carottes afin que, en son absence, nous mangions un peu de légumes ! Voici la version « revue et améliorée » de la recette de ma maman, dans laquelle les carottes ont des amis légumes !

10 portions

- **3 tasses** de carottes, râpées
- **½ tasse** d'huile de canola ou d'olive
- **1 tasse** de sucre
- **1 tasse** de purée de patate douce (utiliser 2 patates douces moyennes, coupées en dés)
- **3** œufs
- **1 c. à thé** d'extrait de vanille
- **2 ½ tasses** de farine de blé entier
- **2 c. à thé** de poudre à pâte
- **1 ½ c. à thé** de bicarbonate de soude
- **2 c. à thé** de cannelle moulue

Glaçage

- **4 oz** (120 g) de fromage à la crème léger
- **¼ tasse** de purée de chou-fleur, bien égouttée* (utiliser ¾ tasse de chou-fleur, coupé en dés)
- **½ tasse** de sucre en poudre
- **2 c. à thé** d'extrait de vanille

*Cuire le chou-fleur à la vapeur, bien égoutter, passer en purée et laisser reposer. Enlever le plus d'eau possible en pressant sur la pulpe afin de ne garder que celle-ci.

Préchauffer le four à 350 °F (175 °C).

Bien mélanger les carottes, l'huile, le sucre, la purée de patate douce, les œufs et la vanille à l'aide d'un batteur électrique.

Dans un second bol, mélanger la farine, la poudre à pâte, le bicarbonate de soude et la cannelle.

Incorporer les ingrédients secs à la purée à l'aide d'une cuillère de bois ou d'une spatule.

Verser le mélange dans un moule à gâteau rectangulaire de 8 × 13 po graissé.

Cuire au centre du four pendant 1 h ou jusqu'à ce qu'un cure-dent inséré au centre du gâteau en ressorte propre.

Laisser refroidir.

Glaçage

Mélanger tous les ingrédients à l'aide d'un batteur électrique. Laisser refroidir au réfrigérateur.

Étaler sur le gâteau refroidi.

MOT DE LA NUTRITIONNISTE

Le gâteau aux carottes a toujours été mon préféré. Et que dire du glaçage ! Voilà une idée brillante pour déguster ce dessert apprécié sans consommer près de la moitié de nos besoins quotidiens en énergie.

VALEURS NUTRITIVES		Par portion
CALORIES	4084	408
LIPIDES (G)	159	16
GLUCIDES (G)	605	61
PROTÉINES (G)	84	8
FIBRES (G)	60	6
CALCIUM (MG)	868	87
FER (MG)	21	2
SODIUM (MG)	3520	352

GÂTEAU FRIGO

Rage de chocolat ? Ce dessert ne peut être plus simple et comblera totalement les amateurs de chocolat !

24 portions

- **4 oz** (120 g) de chocolat non sucré, fondu
- **4 oz** (120 g) de chocolat mi-sucré, fondu
- **½ tasse** de purée de petits pois verts (utiliser 1 tasse de petits pois verts congelés, décongelés)
- **½ tasse** de purée de carottes (utiliser 1 tasse de carottes, coupées en dés)
- **¼ tasse** d'amandes effilées
- **1 tasse** de chapelure de biscuits Graham
- **¼ tasse** de cerises séchées
- **¼ tasse** de raisins secs

Mélanger tous les ingrédients.

Étendre la préparation dans un moule carré graissé et recouvrir d'une pellicule plastique.

Mettre au réfrigérateur pendant quelques heures.

Couper en morceaux et déguster.

SAVIEZ-VOUS

que les carottes sont une source de bêta-carotène et qu'elles améliorent la vision nocturne ?

VALEURS NUTRITIVES		Par portion
CALORIES	2083	87
LIPIDES (G)	115	5
GLUCIDES (G)	270	11
PROTÉINES (G)	42	2
FIBRES (G)	46	2
CALCIUM (MG)	334	14
FER (MG)	32	1
SODIUM (MG)	846	35

PÂTE À TARTE VITAMINÉE

*Tarte aux pommes ? Tarte aux bleuets ?
Ajoutez des légumes à votre tarte préférée
grâce à cette recette.*

MOT DE LA NUTRITIONNISTE

Pour vos recettes maison, le fait de choisir une farine à grains entiers permettra d'aller chercher une belle variété de vitamines B ainsi que des fibres alimentaires, essentielles au bon fonctionnement de l'organisme.

2 fonds de tarte

- **1 ⅓ tasse** de farine de blé entier
- **½ c. à thé** de sel
- **½ tasse** de beurre froid
- **½ tasse** de patate douce, râpée finement
- **2 c. à soupe** d'eau très froide

VALEURS NUTRITIVES		Par portion
CALORIES	1552	776
LIPIDES (G)	100	50
GLUCIDES (G)	151	76
PROTÉINES (G)	26	13
FIBRES (G)	25	13
CALCIUM (MG)	129	65
FER (MG)	7	4
SODIUM (MG)	1285	643

Mélanger la farine et le sel.

Râper le beurre froid et l'incorporer dans la farine avec les doigts.

Ajouter la patate douce râpée sans trop brasser.

Creuser un puits au centre du mélange et y verser l'eau.

Incorporer l'eau à l'aide d'un mélangeur jusqu'à la formation d'une boule.

Envelopper la pâte dans une pellicule plastique et laisser reposer au réfrigérateur pendant au moins 30 min. (La pâte peut aussi être séparée en deux portions et congelée.)

TARTE CHOCOBERGINE

Mon amie Judith a décrit ce dessert en disant : « Ça goûte mon enfance ! »
Il n'y a pas de plus beau compliment !

8 portions

- **1 tasse** de chapelure de biscuits Graham
- **½ tasse** de purée de carottes (utiliser 1 tasse de carottes, coupées en dés)
- **¼ tasse** de noix de coco sucrée râpée
- **2 c. à soupe** de graines de lin moulues
- **2 c. à soupe** d'amandes moulues
- **1 c. à soupe** de margarine, fondue

GARNITURE

- **3** œufs
- **¼ tasse** de miel
- **½ tasse** de sucre
- **1 c. à thé** d'extrait de vanille
- **½ tasse** de purée d'aubergine (utiliser 1 aubergine moyenne, coupée en dés)
- **3 oz** (90 g) de chocolat non sucré, fondu
- **⅔ tasse** de farine de blé entier
- **¼ tasse** de guimauves miniatures

VALEURS NUTRITIVES		Par portion
CALORIES	2480	310
LIPIDES (G)	101	13
GLUCIDES (G)	384	48
PROTÉINES (G)	58	7
FIBRES (G)	42	5
CALCIUM (MG)	389	49
FER (MG)	27	3
SODIUM (MG)	924	116

Préchauffer le four à 350 °F (175 °C).

CROÛTE

Mélanger tous les ingrédients et presser dans une assiette à tarte ou un plat en pyrex carré.

GARNITURE

Battre les œufs, le miel, le sucre et la vanille.

Incorporer la purée d'aubergine, puis le chocolat. Ajouter la farine.

Déposer le mélange sur la croûte et disposer les guimauves sur le dessus.

Cuire au four 35 min ou jusqu'à ce que la garniture soit solide et qu'un cure-dent inséré au centre de la tarte en ressorte propre.

MOT DE LA NUTRITIONNISTE

Une agréable façon d'éliminer les gras trans contenus dans les pâtes à tarte commerciales ou faites à partir de graisses végétales : confectionner sa pâte à partir de margarine. Il est très important de bien choisir cette dernière et d'opter pour de la non-hydrogénée.

SAVIEZ-VOUS

que pour ralentir l'effet des glucides (sucres) consommés, il importe de les accompagner d'une source de protéines et de fibres ? Cette recette, bien que riche en glucides, contient une quantité appréciable de ces deux nutriments.

TARTE MANGE-TOUT

J'adore les pois mange-tout depuis que je suis toute petite, mais personne d'autre à la maison ne semblait partager mon désir d'en manger jusqu'à l'invention de la tarte mange-tout ! Mon fils l'a tellement aimée qu'il en a déjà dégusté secrètement au déjeuner !

8 portions

CROÛTE

- 1 ½ tasse de chapelure de biscuits au chocolat
- 1 c. à soupe de cacao
- 2 c. à soupe de graines de lin moulues
- 1 avocat moyen très mûr, réduit en purée

GARNITURE

- 2 œufs
- 1 tasse de beurre d'arachide
- 2 c. à soupe de cassonade
- 1 banane mûre
- ½ tasse de purée de pois mange-tout (utiliser 1 ½ tasse de pois mange-tout entiers)
- ½ tasse de purée de patate douce (utiliser 1 patate douce moyenne, coupée en dés)
- 1 c. à thé d'extrait de vanille

VALEURS NUTRITIVES		Par portion
CALORIES	3481	435
LIPIDES (G)	234	29
GLUCIDES (G)	285	36
PROTÉINES (G)	108	14
FIBRES (G)	48	6
CALCIUM (MG)	492	62
FER (MG)	18	2
SODIUM (MG)	805	101

Préchauffer le four à 350 °F (175 °C).

CROÛTE

Mélanger tous les ingrédients et bien aplatir dans une assiette à tarte.

GARNITURE

Au robot ou à l'aide d'un batteur électrique, bien mélanger tous les ingrédients.

Verser la garniture sur la croûte préparée.

Cuire au centre du four 45 min ou jusqu'à ce que le milieu de la tarte soit solide.

MOT DE LA NUTRITIONNISTE

Cette tarte est une importante source de calcium. Prenez soin de vos os !

TARTE AMANDINE

Une tarte impressionnante par sa beauté ainsi que son goût de pâte d'amandes et de framboise.

8 portions

Croûte

- **1 ½ tasse** de chapelure de biscuits au chocolat
- **1 c. à soupe** de cacao
- **2 c. à soupe** de graines de lin moulues
- **½ tasse** de purée de fèves de soya (utiliser des fèves de soya en conserve, rincées*)
- **1 c. à thé** de margarine

*Vous aurez besoin d'une conserve entière de fèves de soya pour cette recette. Je vous suggère donc de préparer toute la purée de fèves de soya en premier.

Garniture

- **2 tasses** d'amandes moulues
- **1** œuf
- **1 ½ tasse** de purée de fèves de soya (utiliser des fèves de soya en conserve, rincées*)
- **¼ tasse** de sucre
- **1 c. à thé** d'essence d'amande

Confiture de framboises

- **1 tasse** de framboises
- **¼ tasse** de purée de carottes (utiliser 1 tasse de carottes, coupées en dés)
- **1 ½ c. à soupe** de miel

VALEURS NUTRITIVES		Par portion
CALORIES	4353	544
LIPIDES (G)	267	33
GLUCIDES (G)	373	47
PROTÉINES (G)	182	23
FIBRES (G)	82	10
CALCIUM (MG)	2003	250
FER (MG)	38	5
SODIUM (MG)	883	110

Préchauffer le four à 350 °F (175 °C).

Croûte

Mélanger tous les ingrédients et bien presser dans le fond et sur les rebords d'une assiette à tarte.

Garniture

Mélanger tous les ingrédients et étendre sur la croûte préparée.

Confiture de framboises

Mélanger tous les ingrédients et étendre sur le dessus de la tarte.

Cuire au four 35 min.

MOT DE LA NUTRITIONNISTE

On dissimulait déjà le chou-fleur dans les purées de pomme de terre, voilà qu'il est possible d'en ajouter au chocolat blanc de cette recette pour augmenter son contenu en fibres.

VALEURS NUTRITIVES		Par portion
CALORIES	2362	295
LIPIDES (G)	103	13
GLUCIDES (G)	318	40
PROTÉINES (G)	46	6
FIBRES (G)	22	3
CALCIUM (MG)	582	73
FER (MG)	9	1
SODIUM (MG)	892	112

TARTE CHOUCHOU

Pour mon conjoint amateur de chocolat blanc, voici le dessert idéal ! Si on le sert avec un coulis de framboises, personne ne devinera qu'on y cache du chou-fleur.

8 portions

- **½ tasse** de purée de patate douce (utiliser 1 patate douce moyenne, coupée en dés)
- **⅔ tasse** de chapelure de biscuits Graham
- **½ tasse** d'amandes effilées
- **¼ tasse** de sucre
- **2 c. à soupe** de cassonade
- **1 c. à soupe** de margarine, fondue

GARNITURE

- **¼ tasse** de lait
- **1 sachet** de gélatine
- **1** œuf
- **2 c. à thé** d'extrait de vanille
- **¾ tasse** de purée de chou-fleur (utiliser 1 ½ tasse de chou-fleur, coupé en dés)
- **8 oz** (240 g) de chocolat blanc, fondu
- **2 oz** (60 g) de chocolat mi-sucré, fondu (pour décorer)

Préchauffer le four à 350 °F (175 °C).

CROÛTE

Mélanger tous les ingrédients et presser dans une assiette à tarte ou un plat en pyrex carré.

Cuire au four 15 à 17 min ou jusqu'à ce que la croûte soit légèrement dorée.

GARNITURE

Tiédir le lait au micro-ondes environ 20 sec. Dissoudre le sachet de gélatine dans le lait.

Battre l'œuf, la vanille et la purée de chou-fleur jusqu'à l'obtention d'une texture lisse. Ajouter le chocolat blanc fondu en remuant vigoureusement. Incorporer le lait au mélange de chocolat blanc.

Verser dans la croûte cuite.

Cuire au four 20 à 25 min ou jusqu'à ce que la garniture soit solide au centre de la tarte.

Laisser refroidir quelques minutes.

Mettre le chocolat mi-sucré fondu dans une petite poche à pâtisserie ou dans un petit sac de plastique refermable : placer le chocolat dans un des coins inférieurs du sac, puis couper le coin afin que le chocolat liquide puisse en sortir.

Dessiner des lignes de chocolat mi-sucré sur la tarte refroidie.

Réfrigérer 4 à 6 h avant de servir.

RUTATARTE AU SUCRE

Hummm... Une bonne tarte au sucre, c'est un dessert si réconfortant mais tellement sucré ! Voici une version qui contient un peu moins de glucides et plein de vitamines !

8 portions

- **1 recette** de pâte à tarte vitaminée (voir p. 43)
- **½ tasse** de purée de carottes (utiliser 1 tasse de carottes, coupées en dés)
- **½ tasse** de purée de navet (utiliser 1 tasse de navet, coupé en dés)
- **1** œuf
- **⅔ tasse** de cassonade
- **3 c. à soupe** de sirop d'érable
- **¼ tasse** de lait
- **2 c. à soupe** de fécule de maïs
- **1 c. à soupe** de farine de blé entier
- **1 c. à thé** d'extrait de vanille

Préchauffer le four à 350 °F (175 °C).

Rouler la pâte à tarte vitaminée et la déposer dans une assiette à tarte. Recouvrir d'un papier parchemin et de haricots secs pour empêcher que la croûte lève.

Cuire environ 20 min.

Mélanger les purées, l'œuf, la cassonade et le sirop d'érable.

Chauffer le lait (sans le faire bouillir), puis y ajouter la fécule de maïs.

Incorporer le lait au mélange de légumes.

Ajouter la farine et bien remuer.

Mettre l'extrait de vanille et bien mélanger.

Verser la préparation sur le fond de tarte.

Cuire sur la grille inférieure du four 20 min ou jusqu'à ce que le centre de la tarte soit solide.

VALEURS NUTRITIVES		Par portion
CALORIES	2397	300
LIPIDES (G)	107	13
GLUCIDES (G)	338	42
PROTÉINES (G)	38	5
FIBRES (G)	34	4
CALCIUM (MG)	462	58
FER (MG)	12	2
SODIUM (MG)	1541	193

MOT DE LA NUTRITIONNISTE

La carotte et le navet jouent peut-être depuis longtemps à la cachette dans vos purées de pomme de terre ; gageons que vous aurez de la difficulté à les goûter ici !

CARRÉS, BARRES, BISCUITS ET GALETTES

CARRÉS AUX DATTES ET À L'AUBERGINE

Un autre classique réinventé ! Les dattes sont extrêmement sucrées, mais grâce à l'aubergine, on coupe la quantité de sucre de moitié.

10 carrés

PÂTE

- **1 tasse** de patate douce, râpée
- **½ tasse** de noix, hachées
- **1 tasse** de flocons d'avoine
- **½ tasse** de son de blé
- **2 c. à soupe** de graines de lin moulues
- **1 ½ c. à soupe** de margarine
- **1 ½ c. à soupe** de cassonade

GARNITURE

- **1 ½ tasse** de dattes dénoyautées
- **1 tasse** d'eau
- **1 tasse** de purée d'aubergine (utiliser 1 grosse aubergine ou 2 petites, coupées en dés)
- **½ c. à thé** d'extrait de vanille

Préchauffer le four à 325 °F (160 °C).

PÂTE

Mélanger tous les ingrédients.

Réserver ½ tasse de cette pâte.

Bien presser le restant du mélange dans le fond d'un plat en pyrex carré de 8 po.

GARNITURE

Déposer les dattes dans un plat allant au micro-ondes et les recouvrir d'eau. Faire cuire au micro-ondes 2 min à puissance élevée.

Retirer les dattes de l'eau.

Passer les dattes et la purée d'aubergine au pied-mélangeur ou au robot afin d'obtenir une pâte lisse.

Ajouter la vanille et bien mélanger.

Étendre la garniture sur la pâte déjà préparée et recouvrir avec la pâte réservée.

Cuire au four 45 min. Laisser reposer quelques minutes, puis couper en carrés.

VALEURS NUTRITIVES		Par portion
CALORIES	2252	225
LIPIDES (G)	79	8
GLUCIDES (G)	365	37
PROTÉINES (G)	60	6
FIBRES (G)	70	7
CALCIUM (MG)	423	42
FER (MG)	19	2
SODIUM (MG)	419	42

MOT DE LA NUTRITIONNISTE

L'avoine contient des fibres solubles qui peuvent améliorer la régularité du transit intestinal, diminuer le cholestérol et les fringales ainsi que stabiliser le taux de sucre sanguin.

MOT DE LA NUTRITIONNISTE

Bien qu'elle soit plus sucrée, la patate douce serait plus adéquate pour la gestion du taux de sucre sanguin que la pomme de terre blanche, qui ferait élever plus rapidement la glycémie.

BISCUITS MONSTRES DU JARDIN

Qu'arrive-t-il quand il nous reste tout plein de légumes dans le frigo ?
Ils se transforment en dessert !

36 biscuits

- ½ **tasse** de patate douce ou de carottes, râpées
- ½ **tasse** de purée d'épinards (utiliser 4 tasses d'épinards frais)
- ½ **tasse** de purée d'aubergine (utiliser 1 aubergine moyenne, coupée en dés)
- ¾ **tasse** de beurre d'arachide
- ½ **tasse** de cassonade
- 1 œuf
- 1 **c. à thé** d'extrait de vanille
- ⅔ **tasse** de chapelure de biscuits Graham
- ⅔ **tasse** de son de blé
- ½ **tasse** de farine de blé entier
- 1 **c. à thé** de poudre à pâte
- ¼ **tasse** de pépites de chocolat mi-sucré
- Pépites de chocolat blanc (pour décorer)
- Chocolat noir, fondu (pour décorer)

VALEURS NUTRITIVES		Par portion
CALORIES	2626	73
LIPIDES (G)	132	4
GLUCIDES (G)	316	9
PROTÉINES (G)	88	2
FIBRES (G)	53	1
CALCIUM (MG)	707	20
FER (MG)	25	1
SODIUM (MG)	1006	28

Préchauffer le four à 350 °F (175 °C).

Mélanger les légumes, les purées, le beurre d'arachide, la cassonade, l'œuf et la vanille.

Dans un second bol, mélanger les ingrédients secs (sauf les pépites de chocolat mi-sucré).

Incorporer les ingrédients secs à la purée de légumes.

Ajouter les pépites de chocolat mi-sucré.

Former de gros biscuits avec environ 2 c. à soupe de pâte et les déposer sur une tôle recouverte d'un papier parchemin.

Disposer 2 pépites de chocolat blanc sur chaque biscuit pour former des yeux.

Cuire au centre du four 12 à 15 min ou jusqu'à ce que le dessus des biscuits soit légèrement doré.

Mettre une goutte de chocolat noir fondu au centre de chaque pépite de chocolat blanc pour terminer les yeux.

CARRÉS CRIC-CRAC-COURGE

Une nouvelle version du traditionnel carré au riz croquant !

12 carrés

- **1** courge spaghetti
- **¼ tasse** d'eau
- **3 tasses** de grosses guimauves
- **1 c. à thé** d'extrait de vanille
- **3 tasses** de riz brun soufflé
- **¼ tasse** de noix, en morceaux
- **1 oz** (30 g) de chocolat mi-sucré (pour décorer)

VALEURS NUTRITIVES		Par portion
CALORIES	1279	107
LIPIDES (G)	31	3
GLUCIDES (G)	241	20
PROTÉINES (G)	16	1
FIBRES (G)	10	1
CALCIUM (MG)	115	10
FER (MG)	4	0
SODIUM (MG)	455	38

Préparation de la courge spaghetti

Couper la courge spaghetti en deux et placer les moitiés dans un plat à rebords allant au micro-ondes ou au four. Mettre l'eau au fond du plat et recouvrir d'une pellicule plastique (si la cuisson se fait au micro-ondes) ou de papier d'aluminium (pour une cuisson au four). Cuire au micro-ondes 5 à 7 min ou au four à 350 °F (175 °C) 15 à 20 min ou jusqu'à ce que les filaments se détachent facilement tout en restant croquants.

Couper les filaments de courge en petits morceaux de la taille d'un grain de riz. Il en faut ½ tasse. Bien éponger et réserver.

Carrés

Dans un grand bol, faire fondre les guimauves au micro-ondes 45 sec.

Bien mélanger à l'aide d'une cuillère de bois.

Ajouter la vanille et remuer.

Incorporer la courge, le riz soufflé et les noix.

Verser le mélange dans un plat rectangulaire de 8 × 13 po graissé et bien compacter. Afin d'obtenir une surface presque lisse, huiler le dos d'une cuillère à soupe et la passer sur la préparation en appuyant fortement.

Faire fondre le chocolat au micro-ondes. À l'aide d'une cuillère, verser des coulisses de chocolat sur le mélange.

Placer au réfrigérateur pendant 2 à 3 h.

Couper en morceaux et déguster.

SAVIEZ-VOUS

qu'il est possible de conserver vos courges spaghetti jusqu'à trois mois si elles sont placées à l'abri de la lumière, de la chaleur et du froid ? Une température adéquate se situe entre 10 et 15 °C. Faites vos provisions !

GALETTES À LA MÉLOUILLE

Votre citrouille d'Halloween ne sera plus seulement décorative ! Au retour de l'école, ces galettes et un bon grand verre de lait sont la collation idéale.

MOT DE LA NUTRITIONNISTE

L'ajout de piment de la Jamaïque permet d'augmenter l'apport en capsaïcine, une molécule qui a la propriété de stimuler le métabolisme de base. On a noté que les personnes qui mangeaient plus épicé avaient moins de difficulté avec la gestion du poids, en raison d'une dépense énergétique plus élevée et d'une satiété plus précoce.

24 galettes

- ½ **tasse** de purée de citrouille (utiliser 1 tasse de citrouille, coupée en dés)
- ⅓ **tasse** de mélasse
- 2 **c. à soupe** de sucre
- 2 **c. à soupe** de margarine
- 1 œuf
- 2 ¼ **tasses** de farine de blé entier
- 1 ½ **c. à thé** de bicarbonate de soude
- 1 **c. à thé** de piment de la Jamaïque moulu (toute-épice)

Préchauffer le four à 350 °F (175 °C).

Dans un grand bol, mélanger la purée, la mélasse, le sucre, la margarine et l'œuf.

Dans une grande tasse à mesurer ou un petit bol, mélanger la farine, le bicarbonate de soude et le piment de la Jamaïque.

Incorporer les ingrédients secs à la purée.

Diviser la pâte en vingt-quatre portions à l'aide d'une cuillère et déposer sur une plaque à biscuits recouverte d'un papier parchemin.

Cuire au centre du four 7 à 10 min ou jusqu'à ce que les biscuits ne collent plus au papier lorsqu'on les soulève.

VALEURS NUTRITIVES		Par portion
CALORIES	1716	72
LIPIDES (G)	34	1
GLUCIDES (G)	328	14
PROTÉINES (G)	47	2
FIBRES (G)	37	2
CALCIUM (MG)	404	17
FER (MG)	18	1
SODIUM (MG)	2358	98

CROCBERGINE AUX POMMES

Le goût de l'automne : un croquant aux pommes tout chaud qui sort du four, accompagné d'une belle grosse boule de crème glacée à la vanille. Hummm… que de souvenirs ! En voici une version aux légumes, à déguster au bord du feu de foyer, un soir de pluie automnale, en pyjama.

10 portions

BASE

- 2 grosses pommes (ou 3 petites), coupées en dés d'environ ½ po
- 1 petite aubergine, coupée en morceaux (de même dimension que les morceaux de pommes)
- 2 c. à soupe de sucre
- 1 c. à thé de cannelle moulue

GARNITURE

- ½ tasse de courgette, râpée
- 6 c. à soupe de cassonade
- 4 c. à soupe de graines de lin moulues
- ¼ tasse d'amandes effilées
- 1 tasse de son de blé

VALEURS NUTRITIVES		Par portion
CALORIES	1190	119
LIPIDES (G)	36	4
GLUCIDES (G)	230	23
PROTÉINES (G)	27	3
FIBRES (G)	55	6
CALCIUM (MG)	395	40
FER (MG)	13	1
SODIUM (MG)	64	6

Préchauffer le four à 375 °F (190 °C).

BASE

Mélanger tous les ingrédients et presser au fond d'un plat rectangulaire en pyrex de 8 × 13 po graissé.

GARNITURE

Mélanger tous les ingrédients et déposer sur la base.

Presser légèrement.

Cuire au four 40 min ou jusqu'à ce que le dessus du crocbergine soit doré et croquant.

SAVIEZ-VOUS
que la Cortland a la propriété de ne pas brunir au contact de l'air? Il existe plusieurs variétés de pommes, mais les Lobo, les McIntosh et les Cortland sont idéales pour préparer tartes et autres délices.

CARAMIAMS DE WILLIAM

Les favoris de mon fils, William, grand amateur de caramel !

24 petites portions

- ¼ **tasse** de cassonade
- ¾ **tasse** de gruau minute
- ½ **tasse** de noix, hachées
- ½ **tasse** de sucre
- **2 c. à soupe** d'eau
- ½ **tasse** de purée de carottes (utiliser 1 tasse de carottes, coupées en dés)
- **1 c. à thé** de sel
- **1 c. à thé** d'extrait de vanille

Préchauffer le four à 350 °F (175 °C).

Dans un bol, mélanger la cassonade, le gruau et les noix. Réserver.

Dans une petite casserole, mélanger le sucre et l'eau.

Amener à ébullition sans brasser. Bien surveiller le liquide et le retirer du feu lorsqu'il est jaune ambré.

Ajouter immédiatement la purée de carottes et bien amalgamer.

Incorporer le sel et la vanille.

Verser dans le mélange de gruau réservé. Bien incorporer tous les ingrédients.

Graisser vingt-quatre petits moules à muffins. Répartir la préparation dans les moules et bien aplatir.

Cuire au four 8 à 12 min.

MOT DE LA NUTRITIONNISTE

Le gruau, les noix et les carottes contiennent tous des fibres solubles qui assurent une bonne régularité du transit intestinal, une diminution du cholestérol sanguin et une meilleure gestion de la glycémie.

VALEURS NUTRITIVES		Par portion
CALORIES	1313	55
LIPIDES (G)	45	2
GLUCIDES (G)	216	9
PROTÉINES (G)	22	1
FIBRES (G)	15	1
CALCIUM (MG)	175	7
FER (MG)	7	0
SODIUM (MG)	2492	104

CARRÉS AU CHICHOLAT

Simple et rapide à préparer, c'est le dessert de semaine parfait !

12 carrés

- **1 tasse** de dattes entières dénoyautées
- **½ tasse** d'eau
- **1 ¼ tasse** de purée de pois chiches (utiliser 1 boîte de 19 oz)
- **3** œufs
- **1** banane très mûre
- **1 tasse** de pépites de chocolat

MOT DE LA NUTRITIONNISTE

Vous cherchez une façon simple d'introduire des légumineuses dans vos plats ? Pourquoi pas dans le dessert ? Riches en énergie, en protéines et en fibres, ce sont des aliments qui méritent leur place dans notre alimentation.

Préchauffer le four à 350 °F (175 °C).

Dans un bol allant au micro-ondes, placer les dattes et l'eau, puis recouvrir d'une pellicule plastique. Faire cuire au micro-ondes pendant 2 min à haute intensité. Retirer l'eau.

Dans un robot culinaire, réduire les dattes en purée, puis ajouter la purée de pois chiches, les œufs et la banane. Bien mélanger.

Verser la préparation dans un plat rectangulaire en pyrex de 8 × 13 po graissé et incorporer les pépites de chocolat.

Cuire au four 30 min ou jusqu'à ce qu'un cure-dent inséré au centre du mélange en ressorte propre.

VALEURS NUTRITIVES		Par portion
CALORIES	2490	208
LIPIDES (G)	91	8
GLUCIDES (G)	348	29
PROTÉINES (G)	78	7
FIBRES (G)	44	4
CALCIUM (MG)	434	36
FER (MG)	25	2
SODIUM (MG)	229	19

Excellente collation pour les activités extérieures. De quoi refaire le plein d'énergie à mi-chemin !

BARRES TENDRES POIS PLUME

Inventées pour mon conjoint accro du cyclisme, ces barres sont parfaites pour les randonnées ou les longues sorties en vélo.

12 barres

- ½ **tasse** de purée de pois chiches (utiliser environ 1 tasse de pois chiches en boîte)
- ½ **tasse** de purée de haricots verts (utiliser 1 tasse de haricots verts crus, coupés en petits dés)
- 1 œuf
- ¾ **tasse** de cassonade
- 1 **c. à thé** d'extrait de vanille
- 1 **c. à soupe** de margarine
- ½ **tasse** de flocons d'avoine
- 1 **tasse** de farine de blé entier
- ½ **tasse** de graines de lin moulues
- ½ **tasse** de son de blé
- ½ **tasse** de pépites de chocolat
- ½ **tasse** d'abricots séchés, coupés en petits morceaux
- ½ **tasse** d'amandes effilées
- ½ **tasse** de canneberges séchées

Préchauffer le four à 350 °F (175 °C).

Dans un grand bol, mélanger la purée de pois chiches et la purée de haricots verts. Incorporer l'œuf, la cassonade, la vanille et la margarine.

Ajouter tous les autres ingrédients et bien mélanger à l'aide d'un batteur électrique.

Verser dans un grand moule rectangulaire de 8 × 13 po légèrement graissé.

Cuire au four 30 à 40 min ou jusqu'à ce qu'un cure-dent inséré au centre de la préparation en ressorte propre.

VALEURS NUTRITIVES		Par portion
CALORIES	3457	288
LIPIDES (G)	120	10
GLUCIDES (G)	540	45
PROTÉINES (G)	98	8
FIBRES (G)	101	8
CALCIUM (MG)	866	72
FER (MG)	31	3
SODIUM (MG)	344	29

MOT DE LA NUTRITIONNISTE

Les graines de lin sont une source importante d'oméga-3. Conservez-les au réfrigérateur et assurez-vous qu'elles sont bien moulues avant de les consommer.

BROWNIES À L'AUBERGINE

Une version plus légère et plus vitaminée du Mississippi Mud Pie américain, des brownies divins.

12 brownies

Croûte

- 1 tasse de chapelure de biscuits Graham
- ½ tasse de purée de carottes (utiliser 1 tasse de carottes, coupées en dés)
- ¼ tasse de noix de coco sucrée râpée
- 2 c. à soupe de graines de lin moulues
- 2 c. à soupe d'amandes moulues
- 1 c. à soupe de margarine

Garniture au chocolat

- ½ tasse de purée d'aubergine (utiliser 1 aubergine moyenne, coupée en dés)
- 3 œufs
- ¼ tasse de miel
- ¼ tasse de sucre
- 3 oz (90 g) de chocolat non sucré, fondu
- 1 c. à thé d'extrait de vanille
- ⅓ tasse de guimauves miniatures

VALEURS NUTRITIVES		Par portion
CALORIES	2024	169
LIPIDES (G)	82	7
GLUCIDES (G)	306	26
PROTÉINES (G)	28	2
FIBRES (G)	24	2
CALCIUM (MG)	291	24
FER (MG)	11	1
SODIUM (MG)	902	75

Préchauffer le four à 350 °F (175 °C).

Croûte

Mélanger tous les ingrédients, presser dans le fond d'un moule carré en pyrex de 8 po et réserver.

Garniture au chocolat

Mélanger à l'aide d'un batteur électrique la purée, les œufs, le miel, le sucre, le chocolat fondu et la vanille. Incorporer les guimauves à l'aide d'une spatule.

Déposer la garniture sur la croûte.

Cuire au four 25 à 30 min.

BISCUITS CHOCO-AVOCAT

La petite gâterie de dernière minute par excellence ! Quand on entend : « C'est quoi le dessert ? », on sort la pâte à biscuits du congélo, on coupe et on fait cuire.

24 biscuits

- 1 tasse de purée d'avocats (utiliser environ 2 petits avocats mûrs)
- ⅔ tasse de sucre
- 2 c. à thé de café instantané, dilué dans 1 c. à soupe d'eau chaude
- ½ tasse de cacao
- 1 oz (30 g) de chocolat mi-sucré, fondu
- 1 c. à thé d'extrait de vanille
- 1 ½ tasse de farine de blé entier
- Sucre à gros cristaux (pour décorer)

Mélanger tous les ingrédients afin de former une pâte.

Façonner un billot d'environ 1 po d'épaisseur et le rouler dans le sucre décoratif.

Emballer dans de la pellicule plastique et placer au congélateur.

Au moment de cuire, couper la pâte congelée en tranches de ¼ po d'épaisseur.

Préchauffer le four à 350 °F (175 °C).

Déposer les tranches sur un papier parchemin.

Cuire 8 à 10 min.

MOT DE LA NUTRITIONNISTE

Bien qu'il soit parfois pointé du doigt pour sa teneur élevée en gras, l'avocat possède de nombreuses enzymes qui facilitent la digestion des matières grasses.

VALEURS NUTRITIVES		Par portion
CALORIES	2104	88
LIPIDES (G)	77	3
GLUCIDES (G)	358	15
PROTÉINES (G)	45	2
FIBRES (G)	67	3
CALCIUM (MG)	186	8
FER (MG)	17	1
SODIUM (MG)	49	2

PETITS POTS, MOUSSES, CRÈMES ET POUDINGS

PETITS POTS CHOCOPANORANGE

Une sensationnelle combinaison d'orange et de chocolat : onctueuse et décadente… sans le gras de la crème !

6 portions

- 3 blancs d'œufs
- ½ tasse de sucre
- 1 tasse de purée de panais (utiliser environ 2 tasses de panais, coupé en dés)
- 4 oz (120 g) de chocolat non sucré, fondu
- 3 oz (90 g) de chocolat mi-sucré, fondu
- Zeste d'une orange

À l'aide d'un batteur électrique, fouetter les blancs d'œufs jusqu'à ce qu'ils forment des pics fermes.

Incorporer délicatement le sucre.

Réchauffer la purée au micro-ondes 30 sec et y ajouter le chocolat fondu et le zeste d'orange. Remuer jusqu'à l'obtention d'une texture lisse.

Incorporer délicatement les blancs d'œufs dans le mélange au chocolat.

Verser dans six petits moules individuels et mettre au réfrigérateur environ 2 h.

Servir froid.

MOT DE LA NUTRITIONNISTE

Le chocolat noir est plus riche en beurre de cacao et donc plus gras que le chocolat au lait. Or, si on recommande de réduire les gras saturés pour la santé cardiaque, il faut savoir que la fève de cacao contient des flavanols, qui ont des effets antioxydants, anti-inflammatoires et cardioprotecteurs. Prenez donc la peine de choisir un chocolat riche en cacao si le cœur vous en dit !

VALEURS NUTRITIVES		Par portion
CALORIES	1795	299
LIPIDES (G)	88	15
GLUCIDES (G)	265	44
PROTÉINES (G)	34	6
FIBRES (G)	37	6
CALCIUM (MG)	293	49
FER (MG)	25	4
SODIUM (MG)	219	37

MOT DE LA NUTRITIONNISTE

Le tartre est un sous-produit de la fabrication du vin. Il s'agit de cristaux recueillis sur la paroi des barils qui servent à la fermentation du vin qu'on réduit en poudre et qu'on utilise comme stabilisant dans les recettes.

VALEURS NUTRITIVES		Par portion
CALORIES	1465	133
LIPIDES (G)	51	5
GLUCIDES (G)	200	18
PROTÉINES (G)	56	5
FIBRES (G)	17	2
CALCIUM (MG)	581	53
FER (MG)	11	1
SODIUM (MG)	826	75

MOUSSE PANAIS-PINEAU

Impressionnez vos convives avec une verrine remarquable par son goût et son originalité.

10 à 12 portions

- **4** blancs d'œufs
- **½ c. à thé** de crème de tartre
- **8** jaunes d'œufs
- **⅓ tasse** de sucre
- **1 tasse** de purée de panais (utiliser environ 3 gros panais, coupés en dés)
- **⅓ tasse** de pineau des Charentes
- **Zeste** d'une orange (réserver 1 c. à thé)
- **½ tasse** d'amandes moulues
- **2 c. à soupe** de sirop d'érable

Préparation du bain-marie

Mettre sur le feu une casserole remplie à moitié d'eau : la petite casserole dans laquelle sera préparé le sabayon devra tremper dans le liquide.

Mousse

Dans un bol, monter les blancs d'œufs en neige, puis ajouter la crème de tartre. Réserver.

Dans une petite casserole, bien mélanger les jaunes d'œufs et le sucre.

Poser la petite casserole sur le bain-marie chaud, puis préparer le sabayon en le montant au fouet jusqu'à ce que la température soit chaude à votre doigt ; il sera alors bien mousseux.

Retirer du feu, incorporer la purée de panais, le pineau et le zeste. Battre jusqu'à ce que le mélange soit complètement refroidi (au besoin, poser la casserole dans un bain de glace).

Lorsque le sabayon est bien froid, incorporer les blancs d'œufs réservés.

Garniture

Dans un poêlon antiadhésif, mélanger les amandes moulues, le sirop d'érable et le zeste d'orange réservé.

Faire chauffer à feu moyen en remuant à l'aide d'une cuillère de bois jusqu'à ce que le tout devienne sec et croquant. Attention de ne pas faire brûler !

Répartir la mousse à la cuillère dans des verrines ou des jolis verres, en les remplissant aux trois quarts. Mettre au réfrigérateur.

Déposer un peu de mélange d'amandes croustillantes sur chaque verrine au moment de déguster.

POUDING AU PAIN CHOCOBANANE

Facile et rapide, cette recette est géniale pour initier vos petits cuistots. Ils raffoleront de ce pouding au pain et mangeront volontiers leurs légumes... et leurs croûtes !

8 portions

- **6 tranches** de pain de blé, coupées en dés d'environ 1 po
- **1** banane très mûre
- **2/3 tasse** de purée d'aubergine (utiliser 1 grosse aubergine, coupée en dés)
- **1** œuf
- **1/4 tasse** de lait
- **1 c. à soupe** de miel
- **1 c. à thé** d'extrait de vanille
- **1/4 tasse** de pépites de chocolat
- **2 c. à soupe** d'amandes effilées (facultatif)

Préchauffer le four à 350 °F (175 °C).

Déposer les morceaux de pain dans un plat rectangulaire de 8 × 13 po graissé allant au four.

Dans un bol, mélanger la banane, la purée d'aubergine, l'œuf, le lait, le miel et la vanille.

Verser la préparation sur le pain et remuer doucement afin de ne pas le briser.

Déposer les pépites de chocolat et les amandes un peu partout sur le mélange.

Cuire au four 45 à 55 min.

MOT DE LA NUTRITIONNISTE

Comment choisir un pain nutritif ? Idéalement, par tranche, on devrait trouver 3 g et plus de fibres, 15 g et moins de glucides et 200 mg et moins de sodium. Privilégiez les pains dont la liste d'ingrédients débute par des farines entières ou intégrales.

VALEURS NUTRITIVES		Par portion
CALORIES	1114	139
LIPIDES (G)	35	4
GLUCIDES (G)	178	22
PROTÉINES (G)	32	4
FIBRES (G)	22	3
CALCIUM (MG)	284	36
FER (MG)	9	1
SODIUM (MG)	992	124

POUDING AU RIZ TOMATIN

Pour les soirées d'automne devant la cheminée avec, en prime, plein de vitamine C et de fibres !

8 portions

1 tasse de tomates raisins, coupées en quatre
⅔ tasse de riz brun
½ tasse d'eau
2 ½ tasses de lait
1 c. à thé de cannelle moulue
⅓ tasse de cassonade
1 c. à thé d'extrait de vanille
¼ tasse de raisins secs sultana

Dans une casserole moyenne, déposer les tomates et le riz. Faire chauffer à feu moyen tout en mélangeant, jusqu'à ce que les tomates soient cuites et aient la texture d'une compote.

Incorporer l'eau, le lait, la cannelle, la cassonade et la vanille. Laisser cuire à feu doux environ 20 min ou jusqu'à ce que le riz soit tendre.

Ajouter les raisins et laisser refroidir au réfrigérateur.

Servir froid.

MOT DE LA NUTRITIONNISTE

Voici un dessert qui plaira aux hommes, puisqu'un ensemble d'études démontrent l'efficacité du lycopène (antioxydant retrouvé dans les tomates) pour la prévention du cancer de la prostate. De plus, ses effets positifs seraient augmentés une fois l'aliment cuit et broyé !

VALEURS NUTRITIVES		Par portion
CALORIES	1436	180
LIPIDES (G)	22	3
GLUCIDES (G)	265	33
PROTÉINES (G)	50	6
FIBRES (G)	17	2
CALCIUM (MG)	976	122
FER (MG)	10	1
SODIUM (MG)	318	40

CRÈME PATAMEL

Un classique de ma maman,
Andrée (alias mamie Dédée)... revu et corrigé !

6 portions

Caramel

- **½ tasse** de sucre
- **2 c. à soupe** d'eau

Flan

- **1** œuf
- **1** jaune d'œuf
- **1 tasse** de purée de patate douce (utiliser 2 patates douces moyennes, coupées en dés)
- **1 ¼ tasse** de lait
- **1 c. à soupe** de sucre
- **1 c. à thé** d'extrait de vanille

Caramel

Dans une petite casserole, mélanger le sucre et l'eau.

Amener à ébullition sans remuer.

Bien surveiller le caramel et le retirer du feu lorsqu'il devient jaune foncé.

Verser immédiatement dans six ramequins.

Laisser refroidir.

Flan

Préchauffer le four à 325 °F (160 °C).

Bien mélanger tous les ingrédients.

Verser le flan sur le caramel refroidi.

Déposer les ramequins dans un plat rectangulaire à hauts bords (de type plat à lasagne). Y verser de l'eau chaude jusqu'à la moitié des ramequins pour créer un bain-marie.

Cuire 45 à 50 min ou jusqu'à ce que le centre du flan ne soit plus liquide.

Laisser refroidir, recouvrir d'une pellicule plastique et réfrigérer.

Pour servir, démouler à l'aide d'un couteau et renverser dans un bol ou une assiette de service.

VALEURS NUTRITIVES		Par portion
CALORIES	1007	168
LIPIDES (G)	17	3
GLUCIDES (G)	191	32
PROTÉINES (G)	24	4
FIBRES (G)	8	1
CALCIUM (MG)	511	85
FER (MG)	3	1
SODIUM (MG)	355	59

MOT DE LA NUTRITIONNISTE

Cette recette est particulièrement intéressante en raison de son contenu en sucre moins élevé que celui de la recette habituelle.

MOT DE LA NUTRITIONNISTE

En effet, ce pouding ne chôme pas ! Il est à l'œuvre pour vous fournir vitamines et nutriments.

POUDING QUI NE CHÔME PAS

Comment passer à côté du traditionnel pouding chômeur ?

10 portions

Gâteau

- **1 ½ tasse** de farine de blé entier
- **1 ½ c. à thé** de poudre à pâte
- **1 c. à thé** de muscade
- **1 c. à thé** de cannelle moulue
- **½ tasse** de lait
- **⅔ tasse** de purée de céleri-rave (utiliser 1 ⅓ tasse de céleri-rave, coupé en dés)
- **⅓ tasse** de sucre
- **1 c. à thé** d'extrait de vanille

Sauce

- **½ tasse** de sirop d'érable
- **1 tasse** d'eau
- **½ tasse** de purée de patate douce (utiliser 1 patate douce moyenne, coupée en dés)
- **1 pincée** de cannelle

VALEURS NUTRITIVES		Par portion
CALORIES	1646	165
LIPIDES (G)	8	1
GLUCIDES (G)	376	38
PROTÉINES (G)	35	4
FIBRES (G)	32	3
CALCIUM (MG)	682	68
FER (MG)	13	1
SODIUM (MG)	753	75

Préchauffer le four à 325 °F (160 °C).

Gâteau

Dans une tasse à mesurer, mélanger la farine, la poudre à pâte, la muscade et la cannelle.

Dans un grand bol, mettre le lait, la purée de céleri-rave, le sucre et la vanille.

Ajouter les ingrédients secs au mélange de lait et de purée. Bien amalgamer.

Verser dans un moule rectangulaire de 8 × 13 po graissé.

Sauce

Incorporer tous les ingrédients.

Verser la sauce sur la pâte à gâteau non cuite. À l'aide d'un couteau à beurre, tracer des sillons dans la pâte afin de laisser passer la sauce, sans tout mélanger.

Cuire au four 45 à 50 min ou jusqu'à ce que le centre du gâteau semble cuit.

PANNA BETTA MOKA

Un petit dessert tout rose, parfait pour une soirée de Saint-Valentin en amoureux !

8 portions

- **1 tasse** de lait
- **1 c. à soupe** de gélatine
- **1 c. à soupe** de café instantané
- **1 tasse** de purée de betteraves (utiliser 2 tasses de betteraves crues, coupées en dés)
- **½ tasse** de purée de pommes sans sucre du commerce
- **4 oz** (120 g) de fromage à la crème léger
- **1 c. à thé** d'extrait de vanille
- **⅓ tasse** de sucre

Chauffer le lait dans une casserole moyenne sans l'amener à ébullition.

Ajouter la gélatine et la laisser fondre.

Mettre le café instantané et bien dissoudre.

Incorporer les autres ingrédients et cuire à feu doux jusqu'à ce que le fromage soit fondu et que le sucre soit dissous.

Verser dans huit petits ramequins. Réfrigérer 6 h.

MOT DE LA NUTRITIONNISTE

Le fromage est une excellente source de protéines, mais il contient beaucoup de gras saturés. Il est donc recommandé de choisir des fromages contenant 20 % et moins de matières grasses pour la consommation quotidienne. Plusieurs fromages goûteux ont maintenant un pourcentage de gras moins élevé, pour le plus grand plaisir des fins palais !

VALEURS NUTRITIVES		Par portion
CALORIES	944	118
LIPIDES (G)	28	4
GLUCIDES (G)	143	18
PROTÉINES (G)	34	4
FIBRES (G)	9	1
CALCIUM (MG)	514	64
FER (MG)	5	1
SODIUM (MG)	767	96

CRÈME BRÛLÉE À LA COURGE

Réchauffez les soirées froides avec une délicieuse crème brûlée… sans la crème !

4 portions

- ¾ **tasse** de purée de courge musquée (utiliser 1 petite courge musquée, coupée en dés)
- 1 œuf
- ½ **conserve** (7 oz) de lait concentré
- ¼ **tasse** de sucre + un peu pour caraméliser
- ½ **c. à thé** de cannelle moulue
- ¼ **c. à thé** de gingembre
- ¼ **c. à thé** de muscade
- ½ **c. à thé** d'extrait de vanille

Préchauffer le four à 325 °F (160 °C).

Bien mélanger tous les ingrédients.

Verser dans quatre ramequins peu profonds.

Placer les ramequins dans un plat rectangulaire à hauts bords (de type plat à lasagne). Y verser de l'eau tiède jusqu'à la moitié des ramequins pour créer un bain-marie.

Cuire au centre du four 45 à 50 min ou jusqu'à ce que le mélange soit solide.

Laisser refroidir au réfrigérateur environ 1 h.

Saupoudrer de sucre et passer au four à *broil* jusqu'à ce que le sucre soit caramélisé.

SAVIEZ-VOUS

que le calcium peut aider à la gestion du poids en stimulant le métabolisme ? Voilà une bonne raison de consommer jusqu'à trois portions de lait et substituts par jour.

VALEURS NUTRITIVES		Par portion
CALORIES	687	172
LIPIDES (G)	7	2
GLUCIDES (G)	116	29
PROTÉINES (G)	43	11
FIBRES (G)	5	1
CALCIUM (MG)	1284	321
FER (MG)	2	1
SODIUM (MG)	563	141

TREMPETTE ÉPINEUSE

Fête d'enfants, souper en famille, rencontre entre amis... Vous cherchez une idée pour remplacer croustilles et crudités ? Servie avec des fruits, cette délicieuse trempette confondra vos convives avec son bon goût de beurre d'arachide !

6 à 8 portions

- ½ **tasse** de beurre d'arachide
- ½ **tasse** de purée d'aubergine
  (utiliser 1 aubergine moyenne, coupée en dés)
- ½ **tasse** de purée d'épinards
  (utiliser 4 tasses d'épinards frais)
- ¼ **tasse** de cassonade
- **1 c. à thé** d'extrait de vanille

Faire chauffer le beurre d'arachide 30 sec au micro-ondes à haute intensité.

Mélanger tous les ingrédients.

Servir tiède ou froid, avec des pommes coupées en tranches, par exemple.

MOT DE LA NUTRITIONNISTE

On a longtemps cru que les épinards étaient riches en fer. Ils en contiennent, mais ils n'en sont pas la principale source. Cette légende, reprise dans le dessin animé Popeye le marin, découle d'une erreur de frappe faite par une secrétaire, qui multiplia par dix la quantité de fer indiquée sur un paquet d'épinards. Ils sont néanmoins une source d'antioxydants, en plus d'être bénéfiques pour la santé des yeux.

VALEURS NUTRITIVES		Par portion
CALORIES	1039	148
LIPIDES (G)	69	10
GLUCIDES (G)	81	12
PROTÉINES (G)	41	6
FIBRES (G)	15	2
CALCIUM (MG)	357	51
FER (MG)	10	1
SODIUM (MG)	173	25

POUDING AU TAPIOCA EXTRA

Pour mon papa, Pierre,
qui aimait tant le tapioca !

12 portions

- **7 c. à soupe** de tapioca minute
- **5 c. à soupe** de sucre
- **1 tasse** de purée de patate douce (utiliser environ 2 patates douces moyennes, coupées en dés)
- **½ tasse** de purée de haricots verts (utiliser environ 1 tasse de haricots verts crus, coupés en petits dés)
- **2 tasses** de lait
- **1** œuf
- **1 ½ c. à thé** d'extrait de vanille

Dans une grande casserole, bien mélanger tous les ingrédients à l'aide d'un fouet. Laisser reposer pendant 10 min.

Sur un feu moyen, amener à ébullition en remuant continuellement.

Continuer la cuisson à feu doux pendant 5 à 10 min en brassant constamment.

Retirer du feu lorsque le mélange a légèrement épaissi.

Laisser refroidir, puis verser dans de petits ramequins. Recouvrir d'une pellicule plastique.

Placer au réfrigérateur de 6 à 8 h.

SAVIEZ-VOUS

que le tapioca provient d'un tubercule nommé manioc amer ? C'est à partir de ce légume, dont la forme ressemble étrangement à celle d'une patate douce, que l'on obtient le tapioca tel qu'on le connaît.

VALEURS NUTRITIVES		Par portion
CALORIES	1437	120
LIPIDES (G)	28	2
GLUCIDES (G)	252	21
PROTÉINES (G)	41	3
FIBRES (G)	27	2
CALCIUM (MG)	850	71
FER (MG)	6	1
SODIUM (MG)	594	50

DÉJEUNERS GOURMANDS

SCONEKINIS

Pour les déjeuners du dimanche, servez ces scones chauds avec un peu de beurre… et un bon café au lait !

MOT DE LA NUTRITIONNISTE

Les scones traditionnels auront beaucoup à faire pour rivaliser avec ces sconekinis, qui contiennent moins de glucides et plus de fibres !

12 scones

- **½ tasse** de courgette jaune, râpée
- **1 c. à soupe** de zeste de citron ou d'orange
- **½ tasse** de canneberges séchées
- **½ tasse** de crème sure légère
- **⅓ tasse** de sucre + un peu pour saupoudrer
- **1** œuf
- **2 tasses** de farine de blé entier
- **1 c. à thé** de bicarbonate de soude
- **½ c. à thé** de poudre à pâte
- **½ c. à thé** de sel
- Lait

Préchauffer le four à 350 °F (175 °C).

Dans un grand bol, mélanger la courgette, le zeste, les canneberges, la crème sure, le sucre et l'œuf.

Dans un second récipient, mettre la farine et y incorporer le bicarbonate de soude, la poudre à pâte et le sel.

Ajouter les ingrédients secs au premier mélange et remuer à l'aide d'une spatule jusqu'à l'obtention d'une pâte. Ne pas trop brasser, sinon les scones seront durs une fois cuits.

Rouler la pâte sur une surface farinée. Couper à l'aide d'un emporte-pièce, d'un verre ou d'un couteau.

Mettre les scones sur une plaque à biscuits recouverte d'un papier parchemin. Badigeonner de lait et saupoudrer de sucre.

Cuire au four 15 à 17 min ou jusqu'à ce que le dessus des scones soit légèrement doré.

VALEURS NUTRITIVES		Par portion
CALORIES	1493	124
LIPIDES (G)	28	2
GLUCIDES (G)	278	23
PROTÉINES (G)	51	4
FIBRES (G)	37	3
CALCIUM (MG)	398	33
FER (MG)	11	1
SODIUM (MG)	2795	233

MOT DE LA NUTRITIONNISTE

Rien de mieux pour accompagner un bon café ! À propos, saviez-vous que la caféine peut contribuer à la déshydratation et qu'il importe de boire plus d'eau si vous êtes un amateur de café ?

SCONES « À L'AMÉRICAINE »

Le goût fumé du jambon et celui de la patate douce font tellement bon ménage !

24 scones

- **2 tranches** de jambon forêt noire, coupées en petits carrés d'environ ¼ po
- **1 c. à soupe** de sirop d'érable
- **1 tasse** de purée de patate douce (utiliser 2 patates douces moyennes, coupées en dés)
- **½ tasse** de lait froid + un peu pour badigeonner
- **2 c. à soupe** de margarine froide
- **1 ½ tasse** de farine de blé entier
- **1 c. à soupe** de poudre à pâte
- **1 c. à thé** de bicarbonate de soude
- **¼ c. à thé** de cannelle moulue

Préchauffer le four à 425 °F (220 °C).

Dans un poêlon antiadhésif, faire revenir les morceaux de jambon dans le sirop d'érable à feu moyen pendant quelques minutes jusqu'à ce que le jambon soit croustillant. Réserver.

Dans un grand bol, mélanger la purée de patate douce, le lait et la margarine.

Dans un second bol ou une tasse à mesurer, mélanger au jambon réservé la farine, la poudre à pâte, le bicarbonate de soude et la cannelle.

Incorporer les ingrédients secs à la purée en prenant soin de ne pas trop brasser.

Enfariner la surface de travail.

Aplatir la pâte à l'aide d'un rouleau pour obtenir une épaisseur d'environ ½ po.

À l'aide d'un emporte-pièce ou d'un verre enfariné, découper des ronds dans la pâte.

Déposer sur une plaque à biscuits recouverte de papier parchemin.

Badigeonner avec un peu de lait.

Cuire au four 12 min ou jusqu'à ce que les scones soient gonflés et dorés.

VALEURS NUTRITIVES		Par portion
CALORIES	1335	56
LIPIDES (G)	34	1
GLUCIDES (G)	222	9
PROTÉINES (G)	44	2
FIBRES (G)	33	1
CALCIUM (MG)	753	31
FER (MG)	11	0
SODIUM (MG)	3470	145

CRÊPES PATA… QUOI ?

Des crêpes croustillantes, nappées de sirop d'érable… miam !
Et elles sont encore meilleures avec une bonne dose de légumes à l'intérieur.

8 à 10 petites crêpes

- ⅓ **tasse** de purée de patate douce (utiliser 1 petite ou ½ grosse patate douce, coupée en dés)
- ⅓ **tasse** de purée de haricots jaunes ou verts (utiliser ⅔ tasse de haricots jaunes ou verts, coupés en petits dés)
- 1 **tasse** de lait
- 2 œufs
- 1 ½ **c. à thé** d'extrait de vanille
- 1 **c. à soupe** de sucre
- 1 **c. à thé** de margarine, fondue
- 1 ½ **tasse** de farine de blé entier
- ½ **c. à thé** de muscade

À l'aide d'un robot culinaire, mélanger les purées, le lait, les œufs, la vanille, le sucre et la margarine.

Dans un petit bol ou une tasse à mesurer, mélanger la farine et la muscade.

Incorporer les ingrédients secs à la préparation liquide à l'aide du robot.

Laisser reposer au moins 1 h.

Préchauffer le four à 200 °F (95 °C).

Faire chauffer un poêlon antiadhésif à feu moyen-élevé.

Étendre ¼ tasse du mélange dans le fond du poêlon pour obtenir une couche assez mince.

Cuire jusqu'à la formation de petites bulles sur le pourtour de la crêpe.

À l'aide d'une spatule, retourner la crêpe.

Une fois qu'elle est bien dorée, la rouler et la placer au four dans un plat en pyrex afin de la garder chaude.

Recommencer les étapes de cuisson jusqu'à ce que tout le mélange soit devenu de belles crêpes dorées.

Servir chaudes avec un peu de sirop d'érable.

VALEURS NUTRITIVES		Par portion
CALORIES	1279	142
LIPIDES (G)	25	3
GLUCIDES (G)	214	24
PROTÉINES (G)	57	6
FIBRES (G)	38	4
CALCIUM (MG)	530	59
FER (MG)	11	1
SODIUM (MG)	348	39

MOT DE LA NUTRITIONNISTE

Afin de bien commencer la journée, les protéines sont essentielles pour un déjeuner équilibré. On suggère d'en consommer environ 20 g. Cette recette de crêpes est un bon point de départ ; ensuite, vous pouvez laisser aller votre imagination et les garnir, par exemple, de yogourt grec, de fruits et d'amandes effilées !

MOT DE LA NUTRITIONNISTE

Le sirop d'érable contient de puissants antioxydants ; il aide donc à neutraliser les radicaux libres, qui sont des molécules oxydantes causant des dommages à l'organisme. Il est également une excellente source de manganèse, un nutriment responsable de plusieurs processus métaboliques.

MADELEINES COURGE-ÉRABLE

Parfaites pour les brunchs entre amis, on peut les servir chaudes à la sortie du four ou les préparer d'avance et les garder congelées jusqu'au prochain déjeuner en bonne compagnie !

36 madeleines

- **1 tasse** de purée de courge musquée (utiliser 1 courge musquée moyenne, coupée en dés)
- **1 c. à soupe** de margarine
- **6** œufs
- **½ tasse** de sirop d'érable
- **Zeste** d'une orange
- **1 tasse** de farine de blé entier
- **1 ½ c. à thé** de poudre à pâte
- **1 c. à thé** de muscade

VALEURS NUTRITIVES		Par portion
CALORIES	1551	43
LIPIDES (G)	45	1
GLUCIDES (G)	240	7
PROTÉINES (G)	58	2
FIBRES (G)	21	1
CALCIUM (MG)	588	16
FER (MG)	12	0
SODIUM (MG)	1010	28

Préchauffer le four à 375 °F (190 °C).

Dans un grand bol, mélanger la purée de courge, la margarine, les œufs, le sirop d'érable et le zeste d'orange.

Dans un second bol ou une tasse à mesurer, mélanger la farine, la poudre à pâte et la muscade.

Incorporer les ingrédients secs au mélange de purée.

Huiler généreusement des moules à madeleines et y verser la préparation.

Cuire 15 à 17 min ou jusqu'à ce que les madeleines soient fermes.

PAIN CHOUTRON-BLEUETS

Léger et citronné, il se mange bien comme collation au bureau. Vous ne croirez jamais qu'il renferme autant de chou-fleur !

10 portions

- **1 tasse** de purée de chou-fleur (utiliser 2 tasses de chou-fleur, coupé en dés)
- **2 c. à thé** de margarine
- **1 c. à thé** d'extrait de vanille
- **1** œuf
- **¼ tasse** de sucre
- **2 c. à soupe** de miel
- **Zestes** de 2 citrons
- **1 ¼ tasse** de farine de blé entier
- **2 c. à thé** de poudre à pâte
- **¼ tasse** de bleuets surgelés

Préchauffer le four à 375 °F (190 °C).

Dans un grand bol, mélanger la purée de chou-fleur, la margarine, la vanille, l'œuf, le sucre, le miel et les zestes de citron à l'aide d'un batteur électrique ou d'un mélangeur.

Dans un second bol ou une tasse à mesurer, mélanger la farine et la poudre à pâte.

Incorporer les ingrédients secs au mélange de purée et bien brasser.

À l'aide d'une cuillère de bois, ajouter doucement les bleuets surgelés en remuant.

Graisser un moule à pain et y verser le mélange.

Cuire au four 45 min ou jusqu'à ce qu'un cure-dent inséré au centre du pain en ressorte propre.

VALEURS NUTRITIVES		Par portion
CALORIES	1115	112
LIPIDES (G)	17	2
GLUCIDES (G)	222	22
PROTÉINES (G)	33	3
FIBRES (G)	29	3
CALCIUM (MG)	433	43
FER (MG)	8	1
SODIUM (MG)	833	83

MOT DE LA NUTRITIONNISTE

Plusieurs sont étonnés lorsque je mentionne que les fruits et légumes surgelés sont parfois de meilleure qualité nutritionnelle que leurs semblables frais. En effet, ils sont congelés et emballés à maturité et ne subissent pas les ravages de la chaleur, de la lumière et de l'oxygène durant le transport et l'entreposage. En plus, ils sont souvent moins chers. Il est donc faux de dire que l'on ne peut pas manger autant de fruits et de légumes l'hiver que l'été, puisqu'il existe la catégorie « surgelé » !

MOT DE LA NUTRITIONNISTE

L'apport en sodium recommandé est de 1300 mg par jour. Pour cibler quels aliments répondent le mieux aux critères nutritionnels relatifs au sodium, vous pouvez retenir ceci : 0-200 mg par portion = VERT, 200-400 mg par portion = JAUNE, 400 mg et plus par portion = ROUGE. Si vous faites l'exercice avec le tableau qui accompagne cette recette, vous pourriez utiliser par exemple une margarine réduite en sodium afin d'améliorer davantage la qualité nutritive du produit. De plus, ce dessert est une excellente source de fibres !

VALEURS NUTRITIVES		Par portion
CALORIES	1899	317
LIPIDES (G)	66	11
GLUCIDES (G)	308	51
PROTÉINES (G)	56	9
FIBRES (G)	53	9
CALCIUM (MG)	502	84
FER (MG)	21	4
SODIUM (MG)	2251	375

GAUFRES AUX PÉPITES DE CHOCOLAT

Idéales pour les déjeuners de fête : délicieuses et pleines de légumes !

6 gaufres

- **3** œufs
- **1 c. à thé** d'extrait de vanille
- **1 tasse** de purée de betteraves (utiliser 2 tasses de betteraves crues, coupées en dés)
- **¾ tasse** de purée d'aubergine (utiliser 1 grosse aubergine, coupée en dés)
- **¼ tasse** de lait
- **¼ tasse** de sucre
- **2 c. à soupe** de margarine, fondue
- **1 ½ tasse** de farine de blé entier
- **½ tasse** de cacao
- **1 c. à thé** de poudre à pâte
- **1 c. à thé** de bicarbonate de soude
- **½ tasse** de pépites de chocolat mi-sucré

Préchauffer un gaufrier graissé.

Dans un bol, mélanger à l'aide d'un batteur électrique les œufs, la vanille, les purées, le lait, le sucre et la margarine.

Dans un second bol ou une grande tasse à mesurer, mélanger la farine, le cacao, la poudre à pâte et le bicarbonate de soude.

Incorporer les ingrédients secs à la préparation liquide à l'aide d'un fouet ou d'un batteur électrique.

Ajouter les pépites de chocolat et mélanger à l'aide d'une spatule ou d'une cuillère de bois.

Verser environ ½ tasse de préparation afin de recouvrir la surface du gaufrier (suivre les indications du fabricant).

Cuire jusqu'à ce que la gaufre soit ferme.

PLAISIRS (MOINS) COUPABLES

FUDGIGNON

Offert dans un joli emballage, c'est le cadeau d'hôtesse par excellence. Même ceux qui détestent les champignons n'y verront que du fudge !

12 portions

- **3 oz** (90 g) de chocolat mi-sucré
- **3 oz** (90 g) de chocolat non sucré
- **⅔ tasse** de purée de champignons blancs (utiliser un cassot de 250 g à 300 g de champignons, coupés en quatre)
- **⅓ tasse** de lait concentré sucré léger*
- **⅓ tasse** de noix, hachées (facultatif)

*Vous ne savez pas quoi faire avec le restant de lait concentré ? Congelez-le en portions de ⅓ tasse et vous serez prêt pour votre prochaine recette de fudgignon !

Faire fondre le chocolat mi-sucré et le chocolat non sucré au micro-ondes environ 90 sec à puissance élevée ou au bain-marie, sur la cuisinière.

Mélanger le chocolat fondu et le reste des ingrédients jusqu'à l'obtention d'une consistance homogène.

Verser la préparation dans un plat en pyrex de 8 × 13 po graissé et laisser refroidir au réfrigérateur au moins 1 h.

Couper en carrés.

MOT DE LA NUTRITIONNISTE

Plus riches en eau qu'en pigments, les champignons sont une bonne source de potassium, un nutriment utile à la contraction des muscles. Osez varier, les saveurs n'en seront que meilleures !

VALEURS NUTRITIVES		Par portion
CALORIES	1382	115
LIPIDES (G)	99	8
GLUCIDES (G)	123	10
PROTÉINES (G)	39	3
FIBRES (G)	29	2
CALCIUM (MG)	406	34
FER (MG)	22	2
SODIUM (MG)	138	12

MOT DE LA NUTRITIONNISTE

Les anthocyanines et les flavanols contenus dans les bleuets amélioreraient les capacités cognitives, notamment la mémoire.

GRANDS-PÈRES GOURGANES, AUBERGINE ET BLEUETS

Comme un minivoyage au Saguenay–Lac-Saint-Jean !

8 portions

Confiture de bleuets

- **1 tasse** d'aubergine crue, coupée en petits dés
- **2 tasses** de bleuets
- **¼ tasse** de sucre
- **¼ tasse** de cassonade
- **1 c. à thé** d'extrait de vanille

Pâte

- **½ tasse** de purée de gourganes (utiliser 1 tasse de gourganes, écossées)
- **½ tasse** de lait
- **1 c. à thé** de sucre
- **1 c. à thé** d'extrait de vanille
- **1 tasse** de farine de blé entier
- **2 c. à thé** de poudre à pâte
- **1 c. à thé** de sel

VALEURS NUTRITIVES		Par portion
CALORIES	1200	150
LIPIDES (G)	8	1
GLUCIDES (G)	260	33
PROTÉINES (G)	33	4
FIBRES (G)	36	5
CALCIUM (MG)	571	71
FER (MG)	10	1
SODIUM (MG)	3146	393

Préchauffer le four à 350 °F (175 °C).

Confiture de bleuets

Dans un grand plat allant sur la cuisinière et au four, mélanger tous les ingrédients.

Placer sur la cuisinière à feu moyen et amener à ébullition.

Pâte

Dans un bol, mélanger la purée, le lait, le sucre et la vanille.

Dans un second bol, mélanger la farine, la poudre à pâte et le sel.

Incorporer les ingrédients secs au mélange de purée.

Retirer la confiture du feu.

Ajouter la pâte par cuillerées à soupe sur la confiture bouillante.

Cuire au four 20 min.

SORBET CONCOMBEAU

Un petit dessert simple pour une belle soirée d'été entre amis.

6 portions

- **¼ tasse** de sucre
- **2 c. à soupe** d'eau
- **1** concombre moyen (environ 350 g), en morceaux
- **¼** melon d'eau moyen (environ 300 g), en morceaux
- **1** blanc d'œuf (facultatif)
- Feuilles de menthe fraîche

Dans un petit chaudron, mélanger le sucre et l'eau. Amener à ébullition, puis retirer du feu et laisser refroidir le sirop.

Réduire le concombre et le melon d'eau en purée à l'aide d'un robot culinaire. Ajouter le sirop à la purée.

Verser le mélange dans un plat rectangulaire en pyrex et couvrir d'un couvercle ou d'une pellicule plastique.

Mettre au congélateur 2 à 3 h (ne pas congeler totalement).

Sortir du congélateur et briser le mélange semi-congelé en morceaux à l'aide d'une fourchette. Passer au robot culinaire, puis verser le tout dans le plat en pyrex.

Recouvrir et remettre au congélateur 2 à 3 h.

Après cette deuxième congélation, briser le mélange à l'aide d'une fourchette et repasser le tout au robot culinaire.

Pour un sorbet plus onctueux, ajouter un blanc d'œuf pendant cette étape.

Transférer le sorbet dans un contenant étanche. Remettre au congélateur jusqu'au service.

Servir avec une feuille de menthe fraîche.

Ce sorbet sera meilleur s'il est consommé dans les heures qui suivent sa préparation. Il ne faut donc pas en faire une trop grande quantité à la fois, à moins d'avoir de nombreux convives !

MOT DE LA NUTRITIONNISTE

Cette recette contient beaucoup moins de sucre que les sorbets du marché. Lisez les étiquettes nutritionnelles ! Même si certains sont faits avec de vrais fruits, il vaut mieux les faire soi-même, puisque l'industrie y cache souvent une quantité appréciable de sucres raffinés.

VALEURS NUTRITIVES		Par portion
CALORIES	300	50
LIPIDES (G)	1	0
GLUCIDES (G)	73	12
PROTÉINES (G)	6	1
FIBRES (G)	3	1
CALCIUM (MG)	60	10
FER (MG)	1	0
SODIUM (MG)	59	10

BONBONS AUX POITATES

Une recette de mon enfance qui contenait six à sept tasses de sucre en poudre à l'origine ! Amateurs de beurre d'arachide, ce dessert est pour vous !

12 bonbons

- **1 ¼ tasse** de fèves noires en conserve
- **¾ tasse** de petits pois verts
- **2 tasses** de chapelure de biscuits Graham
- **½ tasse** de farine de blé entier
- **1 c. à thé** d'extrait de vanille
- **⅓ tasse** de beurre d'arachide
- **2 tasses** de sucre en poudre
- **⅓ tasse** de purée de patate douce (utiliser 1 petite ou ½ grosse patate douce, coupée en dés)

Passer les fèves noires et les pois verts au robot culinaire ou au pied-mélangeur afin d'obtenir une pâte. Y ajouter la chapelure de biscuits Graham, la farine et la vanille. Bien mélanger.

Couper une feuille de pellicule plastique de 17 po de long et l'étaler sur le comptoir.

Verser la pâte sur la pellicule. Recouvrir d'une deuxième pellicule plastique. Aplatir la pâte à l'aide d'un rouleau à pâtisserie.

Dans un petit bol, mélanger le beurre d'arachide, le sucre en poudre et la purée de patate douce.

Retirer la pellicule plastique du dessus. Étendre le mélange de beurre d'arachide sur la pâte.

Rouler la pâte pour former un billot. Envelopper dans une pellicule plastique pour bien serrer le tout. Placer au congélateur environ 3 h.

Couper le rouleau refroidi et durci en rondelles et servir froid.

MOT DE LA NUTRITIONNISTE

Quand on pense bonbon, on pense carie ! Saviez-vous que terminer le repas par un morceau de fromage ferme permet de limiter l'action des bactéries et ainsi de diminuer le risque de caries dentaires ?

VALEURS NUTRITIVES		Par portion
CALORIES	2911	243
LIPIDES (G)	66	6
GLUCIDES (G)	522	44
PROTÉINES (G)	78	7
FIBRES (G)	38	3
CALCIUM (MG)	290	24
FER (MG)	20	2
SODIUM (MG)	1158	97

MOT DE LA NUTRITIONNISTE
Des beignes sans gras trans ou hydrogénés ? Je n'aurais pas cru cela possible !

BEIGNES TOUT CHOUX

Un classique de ma jeunesse : les beignes maison, faits en famille un matin de décembre... réinventés grâce à un légume que vous désirerez peut-être garder secret !

12 beignes et 12 trous de beigne

- ½ **tasse** de purée de choux de Bruxelles (utiliser 2 tasses de choux de Bruxelles, coupés en dés)
- ½ **tasse** de purée de patate douce (utiliser 1 patate douce moyenne, coupée en dés)
- **2 c. à soupe** de margarine
- **1** œuf
- **2** jaunes d'œufs
- ½ **tasse** de sucre
- ⅓ **tasse** de lait
- **3 ½ tasses** de farine de blé entier
- ½ **c. à thé** de sel
- **3 c. à thé** de poudre à pâte
- ½ **c. à thé** de macis
- ½ **c. à thé** de muscade
- **5 tasses** d'huile de canola (pour la friture)

Dans un bol, mélanger les purées, la margarine, l'œuf, les jaunes d'œufs, le sucre et le lait.

Dans un autre grand bol, mettre la farine et y incorporer le sel, la poudre à pâte, le macis et la muscade.

Creuser un puits au centre de la farine et y verser la préparation liquide.

Mélanger délicatement jusqu'à l'obtention d'une boule de pâte collante.

Recouvrir la boule de pâte avec une pellicule plastique et laisser reposer au réfrigérateur au moins 12 h.

Chauffer l'huile dans une friteuse à 365 °F (185 °C).

Rouler la pâte sur une surface enfarinée.

À l'aide d'un emporte-pièce ou d'un verre, découper des cercles : un petit cercle pour le centre et un grand cercle autour pour former des beignes.

Faire frire quelques beignes à la fois, en prenant soin de les retourner à mi-cuisson, jusqu'à ce qu'ils soient bien dorés et croustillants.

Déposer sur du papier essuie-tout et éponger l'excédent d'huile.

VALEURS NUTRITIVES		Par portion
CALORIES	2567	214
LIPIDES (G)	50	4
GLUCIDES (G)	478	40
PROTÉINES (G)	82	7
FIBRES (G)	65	5
CALCIUM (MG)	850	71
FER (MG)	23	2
SODIUM (MG)	2668	222

CRÈME GLACÉE BANANE MAUVE

*Pour cette recette, vous aurez besoin d'une machine à crème glacée.
Un petit truc : avant que les mouches à fruits ne vous envahissent, mettez vos bananes trop mûres au congélateur : elles s'y conservent parfaitement et seront prêtes pour votre prochaine recette.
Pour décongeler, mettez la banane au micro-ondes environ 30 sec, coupez une des extrémités et pressez la banane hors de sa pelure !*

6 portions

- **1 tasse** de purée d'aubergine (utiliser 1 grosse aubergine ou 2 petites, coupées en dés)
- **1** banane moyenne très mûre
- **¼ tasse** de miel
- **2** jaunes d'œufs
- **1 tasse** de lait
- **1 c. à soupe** de cacao
- **1 c. à thé** d'extrait de vanille
- **¼ tasse** de pépites de chocolat

À l'aide d'un robot culinaire ou d'un pied-mélangeur, combiner tous les ingrédients sauf les pépites de chocolat.

Dans une casserole, amener la préparation à ébullition en prenant soin de remuer constamment afin que celle-ci ne colle pas.

Laisser refroidir au réfrigérateur pendant une nuit.

Une fois le mélange refroidi, ajouter les pépites de chocolat, puis mettre le tout dans la machine à crème glacée (suivre les indications du fabricant).

Transférer dans un contenant hermétique.

VALEURS NUTRITIVES		Par portion
CALORIES	937	156
LIPIDES (G)	28	5
GLUCIDES (G)	161	27
PROTÉINES (G)	21	4
FIBRES (G)	10	2
CALCIUM (MG)	432	72
FER (MG)	4	1
SODIUM (MG)	159	27

MOT DE LA NUTRITIONNISTE

Quand je demande aux gens quelles sont les sources de protéines dans l'alimentation, la banane est souvent nommée. On dit qu'elle contient autant de protéines qu'un steak. Mythe ou réalité ? En fait, il s'agit d'un mythe qui a été bien entretenu. La banane est une source de fibres et de glucides, mais elle ne contient que 1 g de protéines, alors que le steak en contient environ 30 g pour une portion de 100 g.

POPS CANTACHOUX

Mes enfants et mon conjoint ont horreur des choux de Bruxelles (un de mes légumes préférés...), mais j'ai tout de même réussi à leur en faire manger, ni vu ni connu, dans cette recette pour le moins originale !

8 à 10 pops

- 10 choux de Bruxelles moyens (environ 300 g)
- 1 petit cantaloup, pelé et coupé en cubes
- ¼ tasse de crème sure ou de yogourt
- 3 c. à soupe de miel
- ¼ tasse de bleuets

Couper la base des choux de Bruxelles, les couper en deux et les faire cuire à la vapeur 8 à 10 min ou jusqu'à ce qu'ils soient tendres lorsqu'on y pique un couteau.

Mettre tous les ingrédients dans un mélangeur et pulser jusqu'à l'obtention d'une purée lisse.

Verser dans huit à dix moules à popsicles, puis placer au congélateur 6 à 8 h.

MOT DE LA NUTRITIONNISTE

Souvent mal aimés, les choux de Bruxelles ont pourtant de fabuleuses propriétés anti-inflammatoires. Voici une belle façon d'en introduire dans votre menu.

VALEURS NUTRITIVES		Par portion
CALORIES	489	54
LIPIDES (G)	3	0
GLUCIDES (G)	116	13
PROTÉINES (G)	14	2
FIBRES (G)	12	1
CALCIUM (MG)	239	27
FER (MG)	4	0
SODIUM (MG)	165	18

POPS PIMANGO

Ahhh ! Il fait chaud, les poivrons sont rouges de bonheur et les framboises sont bien sucrées... C'est le temps d'une bonne friandise glacée !

8 pops

- **3 tasses** d'eau
- **2** poivrons rouges (environ 200 g), épépinés et coupés en morceaux d'environ 1 po
- **¼ tasse** de framboises
- **1** mangue mûre (environ 150 g), pelée et coupée en cubes d'environ 1 po
- **¼ tasse** de crème sure ou de yogourt léger
- **3 c. à soupe** de miel

MOT DE LA NUTRITIONNISTE

Une recette riche en vitamine C permettant de réduire les risques de déshydratation causés par les grandes chaleurs de l'été !

Faire bouillir l'eau à gros bouillons.

Ajouter les morceaux de poivrons et blanchir 3 min.

Retirer les poivrons et les passer sous l'eau froide.

Pulser les poivrons blanchis et les framboises au mélangeur ou au pied-mélangeur.

Passer le mélange au tamis afin de retirer la peau des poivrons et les graines des framboises.

Verser dans un bol, y ajouter la mangue, la crème sure (ou le yogourt) et le miel, bien brasser, puis passer au mélangeur.

Répartir dans huit moules à popsicles et congeler 6 h.

VALEURS NUTRITIVES		Par portion
CALORIES	472	59
LIPIDES (G)	3	0
GLUCIDES (G)	116	15
PROTÉINES (G)	8	1
FIBRES (G)	11	1
CALCIUM (MG)	169	21
FER (MG)	2	0
SODIUM (MG)	57	7

LAIT FOUETTÉ ASPERGE ET FRAISE

Une recette simple et rapide qui fera apprécier les asperges même aux plus réticents ! Vous pouvez aussi congeler la préparation dans des moules à popsicles pour en faire des sucettes glacées.

6 portions

- **½ tasse** de lait ou de lait de soya
- **½ tasse** de yogourt grec aux fraises
- **1 c. à thé** d'extrait de vanille
- **2 c. à thé** de miel
- **5 oz** (150 g) d'asperges, cuites à la vapeur et refroidies
- **4,5 oz** (135 g) de fraises fraîches ou congelées

Combiner tous les ingrédients à l'aide d'un mélangeur ou d'un pied-mélangeur.

MOT DE LA NUTRITIONNISTE

Le yogourt grec est très intéressant en raison de son contenu en protéines. Il est un peu plus sucré que ses semblables, mais ses sucres sont moins rapidement absorbés grâce à sa quantité élevée de protéines. Dans les recettes ou simplement en collation, c'est un produit à essayer !

VALEURS NUTRITIVES		Par portion
CALORIES	300	50
LIPIDES (G)	3	1
GLUCIDES (G)	50	8
PROTÉINES (G)	19	3
FIBRES (G)	7	1
CALCIUM (MG)	229	38
FER (MG)	4	1
SODIUM (MG)	115	19

INDEX

INDEX ALPHABÉTIQUE

INDEX PAR LÉGUME OU LÉGUMINEUSE

REMERCIEMENTS

Merci à mon conjoint Nicolas pour ses encouragements constants (88 !), à mes trois trésors, William, Lily et Rosie, pour leur patience et leur amour, à ma maman Andrée, mon frère Carl-Frédéric, ma belle-soeur Véronique et ma belle-maman Noëlla pour leur soutien ainsi qu'à mes amis et collègues pour leurs encouragements.

Merci à Emmanuelle Robert pour l'emprunt de sa superbe cuisine.

– Annik

Le plaisir de la table, j'ai la chance de le partager avec un conjoint, des parents et des amis très compréhensifs. Puissent ces remerciements être une façon de plus de leur prouver que, malgré les hauts et les bas d'une entreprise, je me considère très choyée d'être aussi bien entourée. Merci pour votre soutien et votre patience.

Un merci tout spécial à ma collègue et amie Annik De Celles, qui a accepté que j'embarque avec elle dans la belle et grande aventure qu'a été la réalisation de ce livre.

– Andréanne

Cet ouvrage a été composé en Ernestine 8/12
et achevé d'imprimer en MARS 2013 sur les presses
de Imprimerie F.L. Chicoine, Québec, Canada.